JN236675

絶対わかる 化学の基礎知識

CONCEPT 100

齋藤勝裕 著
Saito Katsuhiro

講談社サイエンティフィク

目次

知りたいことば v
はじめに ix

第 I 部 原子と分子 1

1章 基礎 2

1 物質 2
2 原子・元素 4
3 分子・化合物 6
4 モル・アボガドロ数 8
5 原子量・分子量 10
6 濃度・モル分率 12
コラム：モルとダース 8

2章 原子核 14

7 原子核と電子雲 14
8 原子核 16
9 元素記号 18
10 原子核反応 20
11 核分裂と核融合 22
コラム：原子の大きさ 14

3章 原子構造 24

12 量子化 24
13 殻 26
14 軌道 28
15 電子雲 30

16 電子配置 32
17 周期表 34
18 電気陰性度 36
19 原子半径 38

4章 結合 40

20 化学結合 40
21 イオン結合・金属結合 42
22 共有結合 44
23 結合性軌道・反結合性軌道 46
24 水素結合 48
25 ファンデルワールス力 50
26 結合エネルギー 52
コラム：水素結合と沸点 48

5章 分子 54

27 混成軌道 54
28 σ結合とπ結合 56
29 一重結合（単結合） 58
30 配位結合 60
31 非共有電子対 62
32 二重結合 64
33 共役化合物 66

34 非局在π結合　68
35 三重結合　70
コラム：メタンハイドレート　58

コラム：水素結合　62
コラム：原子スケールの絵　72

第 II 部　物理化学　73

6章　状態　74

36 融解　74
37 蒸発　76
38 沸点上昇と凝固点降下　78
39 状態図　80
40 状態方程式　82
41 浸透圧　84
42 溶解　86
43 ヘンリーの法則　88
コラム：気体の溶解度と温度　88

7章　エネルギー　90

44 熱力学第1法則　90
45 内部エネルギー　92

46 エンタルピー　94
47 ヘスの法則　96
48 エントロピー　98
49 自由エネルギー　100
50 標準自由エネルギー　102
51 平衡　104

8章　反応速度　106

52 反応速度　106
53 活性化エネルギー　108
54 半減期　110
55 速度支配と平衡支配　112
コラム：年代測定　110
コラム：律速段階　114

第 III 部　無機化学　115

9章　酸と塩基　116

56 酸，塩基　116
57 硬い酸，柔らかい酸　118
58 水素イオン指数　120
59 酸解離数　122
60 中和　124

61 緩衝液　126
コラム：中和滴定　124

10章　酸化，還元　128

62 酸化数　128
63 酸化・還元　130
64 酸化剤・還元剤　132

- *65* イオン化傾向 *134*
- *66* 電池 *136*
- *67* 電気分解 *138*
- コラム：イオン化 *134*

- *70* 伝導性 *144*
- *71* 磁性 *146*
- *72* 錯体 *148*
- *73* 結晶場理論 *150*
- *74* 分光化学系列 *152*
- コラム：酸素の磁性 *146*
- コラム：貴金属 *154*
- コラム：ベンゼン環の電荷分布 *156*

11章　無機化合物 *140*

- *68* 典型元素 *140*
- *69* 遷移元素 *142*

第IV部　有機化学 *157*

12章　有機化合物の構造と名前 *158*

- *75* 炭化水素 *158*
- *76* アルカン *160*
- *77* アルケン・アルキン *162*
- *78* 置換基 *164*
- *79* 官能基 *166*

13章　有機化合物の立体構造 *168*

- *80* 異性 *168*
- *81* 配座異性体, シス-トランス異性体 *170*
- *82* 光学異性 *172*
- *83* (R)−(S) 命名法 *174*
- *84* キラリティー *176*
- *85* ジアステレオマー *178*
- *86* メソ体 *180*
- コラム　構造異性体の個数 *180*

14章　有機化合物の性質 *182*

- *87* 酸性・塩基性 *182*

- *88* 芳香族性 *184*
- *89* 誘起効果（I 効果）*186*
- *90* 共鳴効果（R 効果）*188*
- *91* 置換基定数 *190*
- コラム：ハメット則 *190*

15章　有機化合物の反応 *192*

- *92* 反応式 *192*
- *93* 求核反応・求電子反応 *194*
- *94* S_N1反応・S_N2反応 *196*
- *95* シス付加・トランス付加 *198*
- *96* E1反応・E2反応 *200*
- *97* ザイツェフ則・ホフマン則 *202*
- *98* マルコフニコフ則 *204*
- *99* 配向性 *206*
- *100* 立体選択性 *208*
- コラム：互変異性と共鳴 *210*

参考文献 *212*

知りたいことば

アルファベット・ギリシア文字で始まることば

- α（アルファ）線　20
- β（ベータ）線　20
- γ（ガンマ）線　20
- π（パイ）結合　56
- $\pi\pi$ スタッキング　40
- σ（シグマ）結合　56
- σ 骨格　64
- d 軌道　28, 142, 150
- d 電子　152
- E 効果　188
- E1 反応　200
- E2 反応　200
- HSAB 理論　118
- IUPAC　160
- I 効果　186
- p 軌道　28
- pH　120
- pK_a　122
- pK_b　122
- R 効果　188
- $(R)-(S)$ 命名法　174
- S_E 反応　206
- S_N1 反応　196
- S_N2 反応　196, 208
- s 軌道　28
- sp 混成　70
- sp 混成軌道　54
- sp^2 混成　64
- sp^2 混成軌道　54
- sp^3 混成　58, 62
- sp^3 混成軌道　54
- $4n+2$　184

五十音順でさがせることば

ア 行

- アセチレン　70
- アボガドロ数　8
- アミン　182
- アリール基　164
- アルカジエン　162
- アルカトリエン　162
- アルカン　160
- アルキル基　164
- アルキン　162
- アルケン　162
- アレニウス　116
- ——の式　108
- アンチ脱離　200
- アンモニア　60
- アンモニウムイオン　60
- イオン　134, 144, 192
- イオン化エネルギー　36
- イオン化傾向　134, 136
- イオン結合　42
- イオン半径　38
- いす形　170
- 異性　168
- 位置エネルギー　92
- 一重結合　58
- ウッドワード-ホフマン則　208
- 運動エネルギー　92
- 液晶　74
- 液相　80
- エキソ体　208
- 液体　74, 76
- エチレン　64
- エナンチオマー　168, 178, 180
- エネルギー　26, 90, 100
- エネルギー保存則　90
- エリトロ　178
- エレクトロメリー効果　188
- 塩　124, 126
- 塩基　116
- 塩基解離定数　122
- 塩基性　120, 182
- 塩基性塩　124
- エンタルピー　94, 96
- エンド体　208
- エントロピー　98, 100, 102
- オルト・パラ配向性　206

カ 行

- 会合　48
- 回転　56
- 回転障壁　170
- 化学結合　40
- 開殻構造　32
- 可逆反応　104
- 殻　26
- 核分裂　22
- 核融合　22

核融合炉　22
化合　6
化合物　6
硬い酸　118
活性化エネルギー　108
活性水素　198
活性メチレン　182
活性メチン　182
荷電　128
価電子　140
カルボン酸　182
還元　128, 130, 132
　　——された　130
　　——した　130
還元剤　132
緩衝液　126
緩衝系　126
官能基　166
慣用名　160
貴金属　154
気相　80
気体　76
気体定数　82
軌道　28
軌道エネルギー　28, 46, 142
軌道相関　46
逆平行　32
求核攻撃　194
求核試薬　194
求核置換反応　196
求核反応　194
求電子攻撃　194
求電子試薬　194
求電子置換反応　206
求電子反応　194
吸熱　134
凝固点降下　78
強磁性体　146
凝縮　76
鏡像異性　172
鏡像異性体　174, 178
鏡像体　168
競争反応　112
共鳴　210

共鳴効果　188
共役塩基　116
共役化合物　66, 158
共役酸　116, 122
共有結合　44
局在π結合　66, 68
キラリティー　176
キラル　172
キラル軸　176
キラル面　176
均一物質　2
金属結合　42
空軌道　60
クーロン　138
クーロン力　42
結合　6
結合異性体　168
結合エネルギー　22, 46, 52, 96
結合解離エネルギー　52
結合強度　68
結合交代　184
結合軸　56
結合次数　68
結合性軌道　46
結合生成　192
結合切断　192
結合電子　128
結合電子雲　44
結合半径　38
結合分極　48
結晶　74
結晶場理論　150
原子　4
原子核　14, 16
原子核構造　16
原子核反応　20
原子核崩壊　20
原子軌道　44
原子構造　14
原子団　164
原子爆弾　22
原子半径　38
原子番号　18, 174

原子量　10
原子炉　22
元素　4
元素記号　18
光学異性　172
光学活性　172, 176, 180, 196
格子エネルギー　86
構造異性体　168
構造式　160
固相　80
互変異性　210
孤立系　90
混合物　2
混成軌道　54
混成軌道モデル　148
コンホマー　168

サ　行

最外殻電子　140
ザイツェフ則　202
錯体　148
酸　116
酸化　128, 130, 132
　　——された　130
　　——した　130
酸化剤　132
酸化数　128, 130
酸解離定数　122
三重結合　56, 70, 174
酸性　120, 182
酸性塩　124
ジアステレオマー　168, 178, 180
脂環式化合物　158
磁気モーメント　146
式量　10
仕事　90
仕事量　92
シス-トランス異性体　170
シス付加　198
磁性　146, 152
実在気体　82
実在気体方程式　82
質量　90

質量数　18
質量パーセント濃度　12
質量不滅の法則　90
質量モル濃度　12
脂肪族化合物　158
弱塩基　126
弱酸　126
自由エネルギー　100
周期　34
周期表　34, 140
自由電子　42, 144
自由度　80
柔軟性結晶　74
収容可能電子数　26
縮重　28
縮重軌道　28
縮退　28
純物質　2
蒸気圧　76
常磁性体　146
状態図　80
状態方程式　82
状態量　96
蒸発　76
触媒　198
初濃度　106
シン脱離　200
浸透圧　84
水素イオン指数　120
水素結合　48, 62
水素爆弾　22
水和　86, 134
水和エネルギー　86
数詞　160
スピン　32, 146
正塩　124
正極　136
正四面体　58
接触還元　198
遷移　36
遷移元素　34, 142
遷移状態　108
旋光性　172
相対質量　10

族　34
速度支配　112
速度定数　106
疎水性相互作用　40
存在確率　30

夕　行

脱離反応　200, 202
炭化水素　158
単体　4
置換基　164, 166, 202, 204
置換基効果　186, 188, 190
置換基定数　190
置換反応　196
中性　120
中性子　16
中和　124
中和滴定　124
超伝導　144
超臨界　80
定圧変化　94
定容変化　94
ディールス-アルダー反応　208
電荷分布　207
電気陰性度　36, 128
電気分解　138
典型元素　34, 140
電子　14
電子雲　14, 30
電子求引性　186
電子供与基　204
電子供与性　186
電子親和力　36
電子対　192
電子配置　32, 140
電子密度　30, 44
電池　136
点電荷　150
伝導性　144
電流　136
同位体　16
同素体　4
特異点　80

トランス付加　198
トレオ　178

ナ　行

内部エネルギー　92, 94, 102
二重結合　56, 64, 174
熱　90
熱力学第 1 法則　90
熱量　92
年代測定　110
濃度　12

ハ　行

配位結合　60, 148
配位子　148, 152
配向性　206
配座異性体　168, 170
発熱　134
ハメット則　190
ハロニウムイオン　198
反強磁性体　146
半径　26
反結合性軌道　46
半減期　110
半透膜　84
反応因子（ρ）　190
反応式　192
反応速度　106
反応速度式　106
反応熱　96
非共有電子対　60, 62, 148
非局在 π 結合　66, 68
非局在化エネルギー　184
非磁性体　146
ヒドロニウムイオン　62
標準自由エネルギー　102, 104, 112
ファラデー　138
ファンデルワールスの状態方程式　82
ファンデルワールス半径　38
ファンデルワールス力　50
ファントホッフの法則　84
フェルミ面　144

付加反応　198, 204
負極　136
不均一物質　2
不斉炭素　172, 174, 176, 178, 180
ブタジエン　66
物質　2
沸点　48, 76
沸点上昇　78
沸騰　76
舟形　170
不飽和化合物　158
不飽和性　42
ブレンステッド・ローリー　116
ブロモニウムイオン　198
フロンティア軌道理論　208
分圧　76, 88
分光化学系列　152
分散力　50
分子　6
分子間引力　48
分子間力　40
分子軌道　44
分子式　160
分子量　10
閉殻構造　32
平行　32
平衡　104
平衡支配　112
平衡定数　104, 122
平衡反応　112
ヘスの法則　96
偏光　172
ベンゼン　66
ヘンリーの法則　88
芳香族化合物　158
芳香族　184
芳香族性　184
放射性元素　20
放射線　20
放射能　20
飽和化合物　158
飽和溶液　86
ホフマン則　202
ボルタ電池　136

マ 行

マルコフニコフ則　204
無機化合物　6
無方向性　42
命名法　160, 162
メソ体　180
メタ配向性　206
メタン　58
メタンハイドレート　58
モル　8
モル凝固点降下度　78
モル濃度　12
モル沸点上昇度　78
モル分率　12

ヤ 行

柔らかい酸　118
融解　74
有機化合物　6

誘起効果　186
融点　74
ゆらぎ　50
陽イオン中間体　204
溶液　2, 86
溶解　86
溶解度　86, 88
陽子　16
溶質　12, 78
溶体　2
陽電荷　18
溶媒　12, 78
溶媒和　86
溶媒和エネルギー　86

ラ, ワ 行

ラウールの法則　76
ラジカル　192
ラセミ　172, 196
ラセミ分割　172
乱雑さ　98
理想気体　82
律速段階　114
立体異性体　168
立体選択性　208
量子化　24, 26
量子数　24, 26
臨界温度　144
臨界点　80
ルイス　116
連鎖反応　22
連続量　24
ワルデン反転　196

はじめに

　「絶対わかる化学」シリーズの一環として「絶対わかる化学の基礎知識──100のコンセプト」をお届けする．ご覧になっていただければわかるとおり，これは辞書のような体裁を取っている．基本的に一話一話が独立している．教科書，参考書のような連続積み上げ方式にはなっていない．したがって，最初の「目次」あるいは「知りたいことば」を見て，必要な項目だけを拾い読みしていただければよい．

　化学に限らず，科学全般には特有の学術用語がある．すべての科学の記述はこの学術用語を使って記述されることになる．読んでいけば，前後の関係で何となくわかったような気になる学術用語も，改まって，「それでは正確な定義は何だったっけ？」と考えてみると，意外と知識はあやふやなことが多い．

　「液晶ってどんな状態？」と聞かれて「液体と結晶の中間」と，ほとんど反射的に答えてしまう人は多いのではなかろうか．この答えは化学とは無関係に，レトリックな連想から出ただけではないのか？「液晶とは，結晶が有している"位置の規則性"と"配向の規則性"という二つの規則性のうち，"位置の規則性"だけを失った状態」と答えなければ，液晶について答えたことにはならない．現に，「"配向の規則性"だけを失って，"位置の規則性"を残している」柔軟性結晶だってある．これも，液体と結晶の中間の状態である．「液晶ではすべての分子が一定の方向を向いている」この知識を除いて，何を言っても，液晶について不十分である．

　このように，知っているようで，実は曖昧な「知識？」は意外と多い．

　この本は，そのような，ちょっとした疑問に答えようという主旨で作られたものである．教科書を読んでいて，ふと，「アレ，この意味って何だったっけ？」「この意味でよかったかな？」と思ったときに，気軽に本書を開いていただきたい．きっと，その疑問に対する答えが，クッキリとシャープに，歯切れよく，わかりやすく書かれているページに出会うことであろう．

　辞書のような体裁とはいっても，本書は決して辞書のように，単語をアイウエオ順で並べた，無味乾燥のものではない．前後のページには関連した用語の説明が集まっている．気になる用語があったら，まずそのページを開いて疑問

を氷解していただきたい．そして，もし，多少，時間の余裕があったなら，その前後のページを拾い読みしていただきたい．このような操作を繰り返すうちに，たぶん，努力というほどの努力をせずに，「立派な化学の基礎知識」を身につけられるものと思う．

「絶対わかる化学」シリーズのモットーは「合理的努力」である．これは「最小の努力で最大の効果」と言い換えてもよい．せっかくの努力である．「努力のコストパフォーマンス」を高くしなければならない．そのためのお手伝いをするのが著者の役目と心得ている．本書を通じて読者の皆様が化学のおもしろさ，楽しさを理解してくださることを願ってやまない．

浅学非才の身で思いばかり先走る結果，思わぬ誤解，誤謬があるのではないかと心配している．お気づきの点などご指摘いただけたらありがたいことと存じます．

最後に，本書執筆に当たり参考にさせていただいた書籍（巻末参照）およびその著者諸兄，ならびに本シリーズ刊行に当たり，お世話をいただいた講談社サイエンティフィクの沢田静雄氏に深く感謝申し上げます．

平成16年6月

齋藤勝裕

第Ⅰ部 原子と分子

1章 基礎

concept 1 物質

物質とは一定の体積と質量を持った物である．物質には均一物質と不均一物質があり，均一物質には純物質と溶体がある．不均一物質と溶体とは混合物ともいう．

Key word 不均一物質，均一物質，純物質，混合物，溶体，溶液

物質

物質とは一定の体積と質量を持った物である．水という一種類の物質が水蒸気，水（液体），氷に変化（相変化）するように，物質は温度，圧力などの条件によって気体，液体，固体という三つの形態の間を変化する．

純物質

食塩や水のように，ただ一種類の物質からできている物質を純物質という．

均一物質・不均一物質

その物質のどの部分を取り出しても，組成が均一な物質を均一物質という．一方，多種類の物質が不均一に混じった物質を不均一物質といい，部分によって組成が異なる．結晶状態の食塩と氷を混ぜた物質（混合物）は，ある部分は食塩であり，ある部分は氷であるから，組成が不均一であり，不均一物質である．しかし，これを加熱溶解した食塩水は，食塩，水という二つの物質からできているが，その組成はどの部分を取り出してもまったく同じである．したがって，食塩水は均一物質である．

溶体（溶液）

多数種の物質からなるが，組成がどの部分でも均一な物質を溶体という．食塩水は溶体である．溶体は，さらに混合気体，溶液，固溶体に分けられる．

混合物

多数種類の物質が混じった物質を混合物という．上で述べた，食塩と氷からなる不均一物質と，溶体である食塩水はともに混合物である．

物質の種類

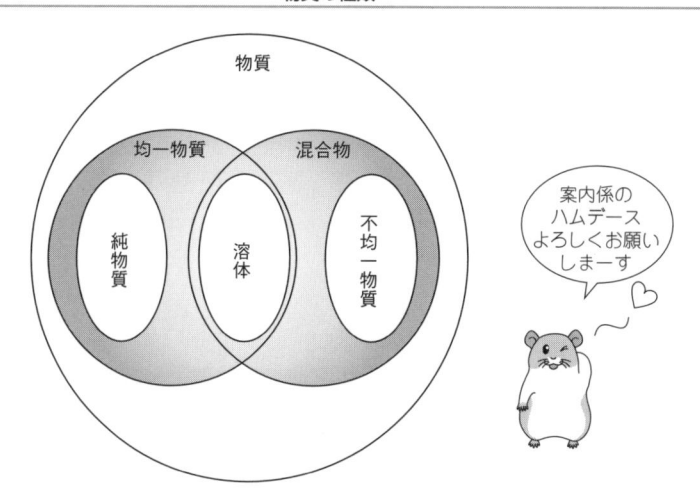

- 物質
  - 均一物質
    - 純物質
    - 溶体
  - 混合物
    - 溶体
    - 不均一物質

案内係の
ハムデース
よろしくお願い
しまーす

均一物質と不均一物質

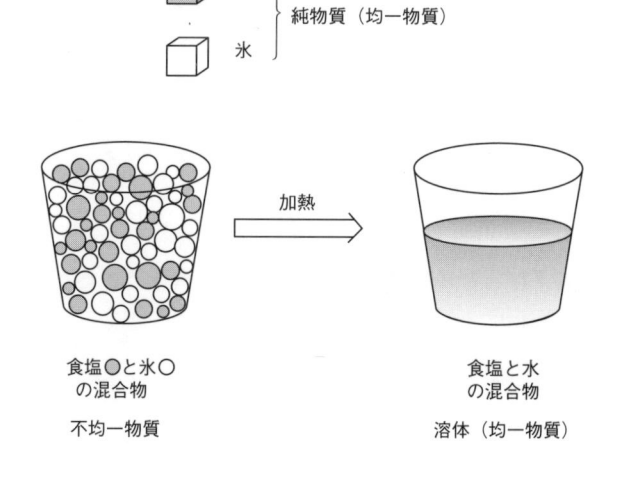

食塩 ┐
     ├ 純物質（均一物質）
氷   ┘

食塩●と氷○の混合物　→（加熱）→　食塩と水の混合物

不均一物質　　　　　　　　　　　溶体（均一物質）

concept 2 原子・元素

化学的にこれ以上細分できない極小粒子を原子という．ただ1種類の原子からできた物質を単体という．また，1種の原子で代表される物質種を元素という．原子は元素を構成する微粒子である．

Key word 単体，同素体

原子

ある物質を微細に分離していき，化学的にこれ以上分離できない極小粒子にたどりついたとき，それを原子という．

金の固まりを細かく切り分けていく．化学的にどんな手段を用いても，これ以上細かくすることができない，究極の小粒子にたどりついたとき，これを金の原子という．原子の種類は地球上には天然で92種，人工的に作ったものを合わせると109種が知られている．

単体

ただ1種類の原子のみからできている物質を単体という．

金はただ1種の原子，金の原子が集まったできた物質だから単体である．ダイヤは炭素の原子だけからできており，黒鉛も炭素原子だけからできているから，どちらも単体である．酸素（分子）（O_2）とオゾン（分子）（O_3）はともに分子であるが，どちらも酸素原子のみからできているので単体である

同素体

同一種類の原子からできた単体でありながら，異なる物質を互いに同素体という．ダイヤと黒鉛は，互いに炭素の同素体である．また，分子であるが，酸素とオゾンも互いに同素体である．

元素

原子の集合体を元素という．したがって元素の種類は原子の種類と同じだけある．元素は原子，単体，同素体と混同して使用されることが多く，厳密に区別しようとすると混乱することがある．あまり気にしないことである．

術語の関係

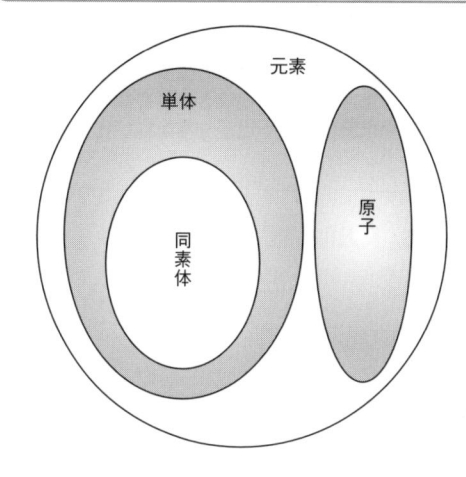

- 元素
  - 単体
    - 同素体
  - 原子

ことばの定義ってタイクツ！あまり気にしないほうがいいですよ アーアッ

原　子

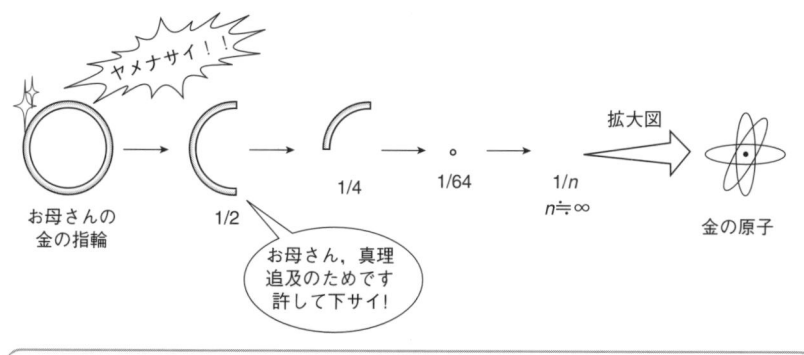

お母さんの金の指輪 → 1/2 → 1/4 → 1/64 → 1/n ($n \fallingdotseq \infty$) → 拡大図 → 金の原子

ヤメナサイ！！

お母さん，真理追及のためです許して下サイ！

同素体

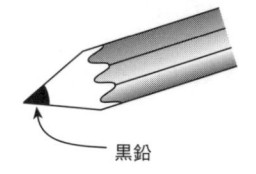

ダイヤ　　　黒鉛

concept 3 — 分子・化合物

複数個の原子が結合してできた粒子を分子という．複数種類の原子でできた分子からなる物質を特に化合物という．したがって，化合物は分子という粒子が集まった集合体のことである．炭素原子を含む化合物を有機化合物，炭素原子を含まない化合物を無機化合物という．

Key word 結合，化合，化合物，有機化合物，無機化合物

分子

2個以上の原子が結合することによって構成した構造体を分子という．水素分子，酸素分子のように，同じ原子が2個結合した分子を特に等核二原子分子という．

1 L の水を二つに分ければ 0.5 L ずつになる．それをさらに二つずつに分けて，さらにと繰り返すとこれ以上分けられない最小単位に行きつくはずである．水という性質を残した最小単位，これを水の分子という．

分子をさらに分けるには化学的な力が必要であり，それを駆使すると最後には水素原子と酸素原子という2種類の原子にたどりつく．しかし，この水素，酸素原子は，水という物質の性質を反映していない．

化合物

結合のうち，異なった種類の原子間の結合を，特に化合という．物質のうち，**複数種の原子が化合してできた分子からなる物質を特に化合物という**．水（H_2O）は，酸素と水素が化合した分子よりなるから化合物である．しかし，酸素（O_2）やオゾン（O_3）は，ただ1種の原子（酸素原子）からできているため，化合物とはいわれない．

有機化合物（有機物）・無機化合物（無機物）

有機化合物とは，もともとは，生命体に関係した化合物を指す言葉であった．しかし現在は，**炭素原子を含む化合物のうち，CO，CO_2，KCN など，簡単な構造の化合物を除いた化合物をいう**．一方，炭素原子を含まない化合物および，炭素を含む簡単な構造の化合物を無機化合物という．

分子と原子

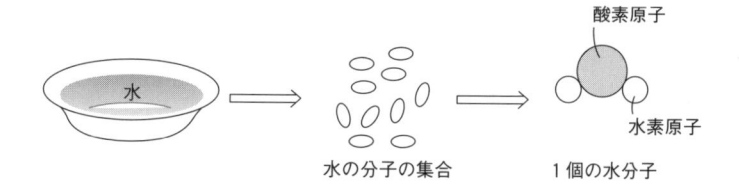

水 → 水の分子の集合 → 1個の水分子（酸素原子・水素原子）

分子と化合物

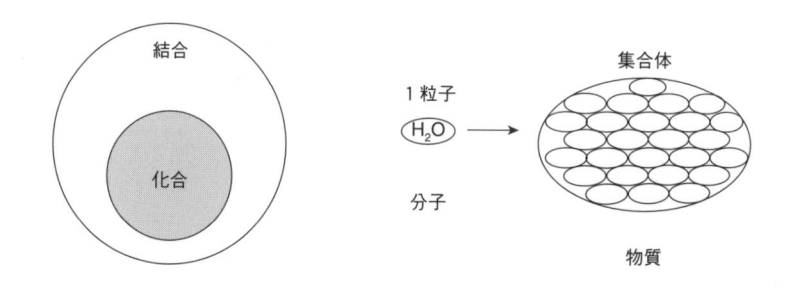

結合／化合

1粒子 H₂O 分子 → 集合体 物質

有機物と無機物

有機化合物
Cを含む化合物

無機化合物
Cを含まない化合物

3◆分子・化合物

concept 4 — モル・アボガドロ数

原子，分子を扱う際の単位をモル（mol）という．1 mol 中にはアボガドロ数（6.02×10^{23}）個の原子，分子が存在する．

Key word 6.02×10^{23} 個，22.4 L

モル

原子，分子を扱う際の単位である．アボガドロ数（6.02×10^{23}）個の分子，原子をまとめて 1 mol の分子，1 mol の原子という．1 mol の原子，分子からなる気体は標準状態で 22.4 L の体積を占める．

鉛筆は 1 本，2 本と数える．しかし，多くの鉛筆を数えるときにはダースという単位を用いたほうが便利である．鉛筆 12 本が 1 ダースであり，12 本ごとに 1 ダース，2 ダースと数える．ボールペンも同様である．12 本のボールペンが 1 ダースである．

化学も同様である．ただし化学ではこのダースに相当する単位としてモルを使う．モル（mol）は分子（molecule）からとった言葉であるが，分子だけでなく，原子にもイオンにも使う．

アボガドロ数

1 mol を構成する分子の個数をアボガドロ数という．

1 ダースを構成する鉛筆の本数は 12 本であった．1 mol を構成するアボガドロ数は大きい．6.02×10^{23} である．1 億はわずか 10^{6} にすぎないし，日本の国家予算 80 兆円だって数字部分は 8×10^{13} でしかない．

> **column　モルとダース**
>
> 1 ダースの鉛筆と 1 ダースのボールペンでは重さが違うように，1 mol の水素分子（2 g）と 1 mol の酸素分子（32 g）とでは重さが違う．これは 1 個の水素分子と 1 個の酸素分子との重さが違うことによる．
>
> 体積も異なり，液体の水素，酸素，ラドンはそれぞれ 1 mol が 28.6，28.1，17.2 mL である．しかし気体の体積はすべて等しく，標準状態なら，1 mol の気体は水素も酸素もラドンも，すべてまったく等しい体積（22.4 L）をとる．

1ダースと1モル

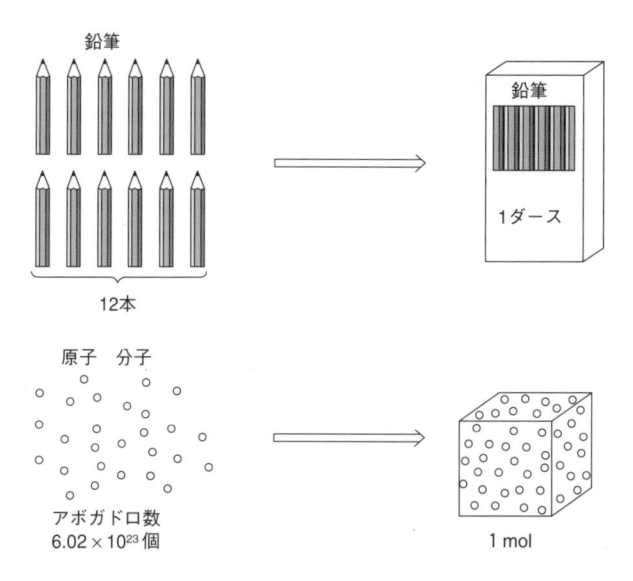

鉛筆

12本 → 鉛筆 1ダース

原子　分子

アボガドロ数
6.02×10^{23} 個 → 1 mol

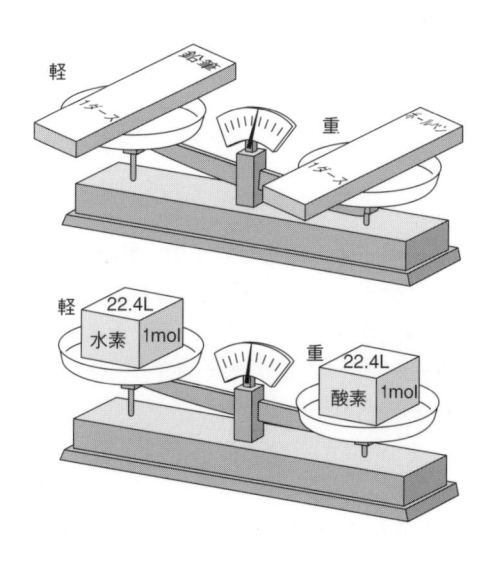

軽　鉛筆1ダース　重　けしゴム1ダース

軽　水素 22.4L 1mol　重　酸素 22.4L 1mol

4◆モル・アボガドロ数

concept 5 — 原子量・分子量

炭素の同位体の一つ，^{12}C 原子の質量を 12 とし，それとの比較で表した原子の質量を相対質量という．元素の同位体の混合比に従った，相対質量の重み付き平均を原子量という．分子を構成する原子の原子量の総和を分子量という．

Key word 相対質量，式量

相対質量

原子の重さを表す相対値である．^{12}C 原子 1 個の質量を 12（無名数）と定め，それとの比較で表した原子 1 個の質量を相対質量（無名数）という．

原子量

多くの元素は，相対質量の異なる同位体の混合物である．**同位体の存在比に従ってその相対質量の重み付き平均をとり，それを原子量（無名数）という．**

1 個の原子の質量は非常に小さい．そこで，何個かまとめて重さを量ることにする．この単位がモルである．1 mol の原子（6.02×10^{23} 個の原子）の質量（g）は原子量（Atomic Weight, AW）（に g を付けたもの）に等しい．

したがって，原子量とは 1 mol の原子の質量（から g を取ったもの）に等しい．

分子量

分子を構成する原子の原子量の総和を分子量（無名数）という．

これは言い換えれば，分子量（Molecular Weight, MW）とは 1 mol の分子の質量（から g を取ったもの）に等しいということになる．

水分子は 1 個の酸素原子と 2 個の水素原子からできている．したがって，水の分子量は，次式で計算される．

MW（水の分子量）= 16.00（酸素原子の原子量）+1.008（水素原子の原子量）×2 = 18.016

これは 1 mol の水分子の質量が 18.016 g であり，その中には 1 mol の水分子，すなわち，アボガドロ数，6.02×10^{23} 個の水分子が詰まっており，それが気体，水蒸気になったときのの体積が 22.4 L であることを示す．

なお，NaCl のようなイオンの化合物の分子量を特に式量（無名数）という．

相対質量（無名数）

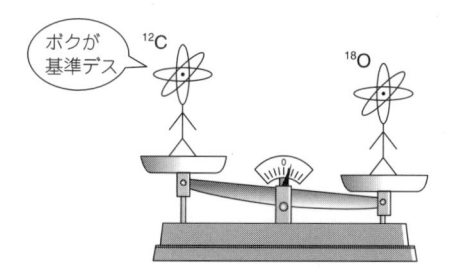

「ボクが基準デス」 ^{12}C　　^{16}O

原子量（無名数）

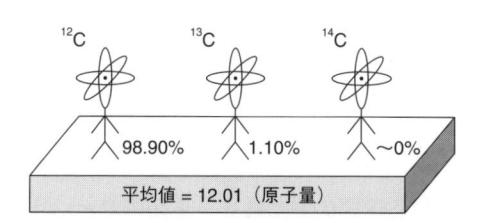

^{12}C 98.90%　^{13}C 1.10%　^{14}C 〜0%

平均値 = 12.01（原子量）

分子量（無名数）

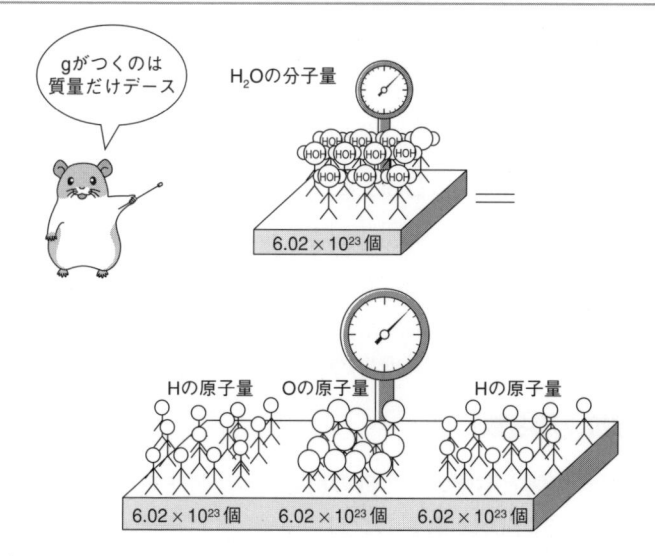

「gがつくのは質量だけデース」

H_2Oの分子量
6.02×10^{23} 個

＝

Hの原子量　Oの原子量　Hの原子量
6.02×10^{23} 個　6.02×10^{23} 個　6.02×10^{23} 個

5◆原子量・分子量

concept 6 — 濃度・モル分率

溶液中に溶けている溶質の割合を表す数値を濃度という．

Key word：質量パーセント濃度，モル濃度，質量モル濃度，溶質，溶媒

質量パーセント濃度

溶液を作る場合，溶ける物質を溶質，溶かす物質を溶媒という．食塩水という溶液を作る際には食塩が溶質であり，水が溶媒である．**溶液中に含まれる溶質の質量をパーセントで表した濃度を，質量パーセント濃度という**（式 6.1）．

質量パーセント濃度(%)＝(溶質質量（g）/溶液質量（g）)×100   (6.1)

モル濃度（単位：mol/L）

溶液 1 L 中に含まれる溶質のモル数を，モル濃度という（式 6.2）．

1 モル濃度の食塩水 1 L を作ってみよう．食塩の分子量は 58.5（Na の原子量 = 23.0，Cl の原子量 = 35.5，ゆえに食塩 NaCl の分子量 = 23.0 + 35.5 = 58.5）である．58.5 g の食塩を 1 L のメスフラスコに入れる．その後に注意して水を注ぎ入れ，ちょうど 1 L にすればよい．

モル濃度（mol/L）＝溶質モル数（mol）/溶液体積（L）   (6.2)

質量モル濃度（単位：mol/1000 g）

溶媒 1000 g 中に含まれる溶質のモル数を，質量モル濃度という（式 6.3）．

1 質量モル濃度の食塩水をつくるには，58.5 g（1 mol）の食塩をビーカーに入れ，その後 1 kg の水を加えて溶かせばよい．

質量モル濃度(mol/1000 g)＝溶質モル数(mol)/溶媒質量(1000 g)   (6.3)

モル分率（単位：無名数）

溶質のモル数を，溶質と溶媒のモル数の和で割った値をモル分率という（式 6.4）．0.1 モル分率の食塩水を作るには，1 mol（58.5 g）の食塩を 9 mol（18 × 9 = 162 g）の水に溶かせばよい．

モル分率 ＝ 溶質モル数 /(溶質モル数 + 溶媒モル数)   (6.4)

モル濃度

秤量瓶
食塩58.5 g
1 mol

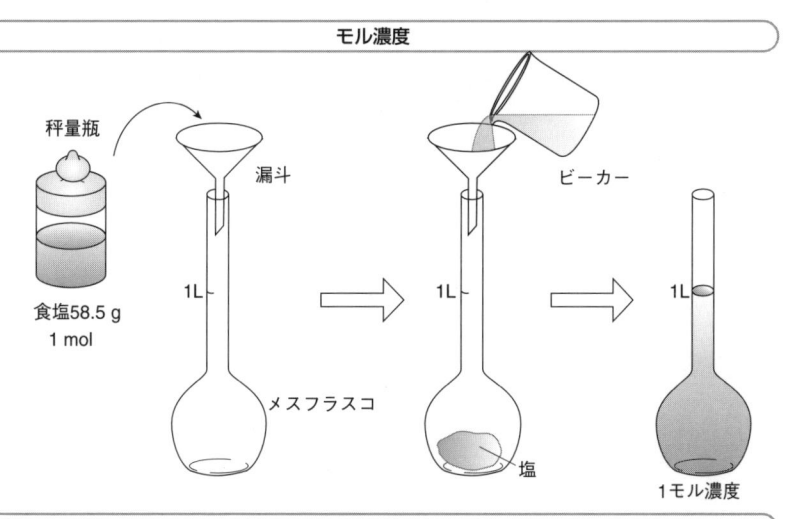

漏斗
メスフラスコ
1L

ビーカー
塩
1L

1L
1モル濃度

質量モル濃度

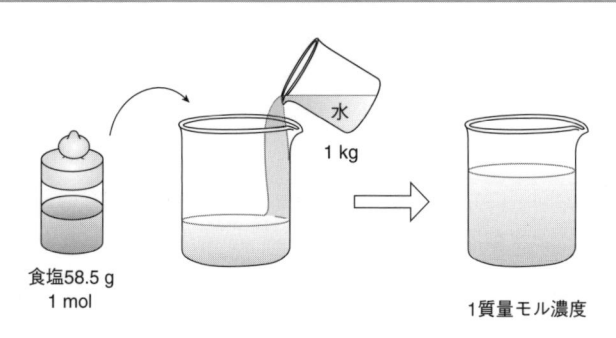

食塩58.5 g
1 mol

水
1 kg

1質量モル濃度

モル分率

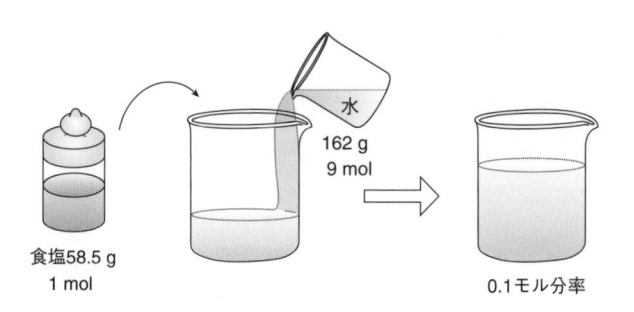

食塩58.5 g
1 mol

水
162 g
9 mol

0.1モル分率

2章 原子核

concept 7 — 原子核と電子雲

原子は，中心にあってプラスに荷電した原子核と，それを取り巻くマイナスに荷電した電子雲からなる．

Key word 原子構造，原子核，電子，電子雲

原子構造

まん丸な雲を想像してみよう．それが原子である．白いフワフワした部分は電子の雲，電子雲である．電子はマイナスの電荷を持っている．

原子は雲と違って，しんがある．丸い電子雲の中心に，見えないくらい小さいしんがある．それが原子核である．原子核はプラスの電荷を持つ．電子雲のマイナスと原子核のプラス電荷がつり合うため，原子は全体として電気的に中性である．

電子雲

原子核はどの原子にも 1 個しかない．しかし電子の個数は原子によって異なる．最も小さい水素原子は電子を 1 個しか持たない．したがって水素原子は 1 個の原子核を 1 個分の電子雲が包んだ構造である．しかしヘリウムでは電子の個数は 2 個となり，炭素では 6 個，そしてウランではなんと 92 個もの電子が原子核の回りを包んでいることになる．

原子内にたくさんの電子雲が存在する場合には，電子雲はまるで十二単のようにある電子雲は内側に，ある電子雲は外側に，と層構造をつくる．

column 原子の大きさ

水素原子の直径はだいたい 0.1 nm（ナノメートル）である．1 nm は 10^{-9} m である．化学では Å（オングストローム）という単位を用いることがある．1 Å は 10^{-10} m であり，これは 0.1 nm である．したがって，原子の大きさは Å のオーダーとなり，この単位は原子を扱うときに便利である．

水素原子を直径 1 mm の砂粒の大きさに拡大したとする．この砂粒を同じ割合で拡大すると直径 10 km になる．およそ東京の山の手線ほどの巨大な砂粒である．

原子構造

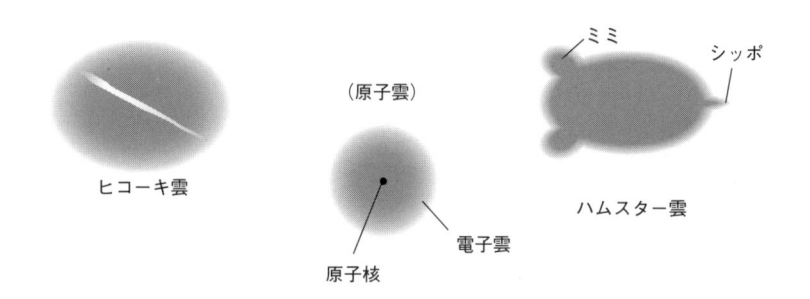

ヒコーキ雲

（原子雲）
原子核
電子雲

ハムスター雲
ミミ
シッポ

電子雲

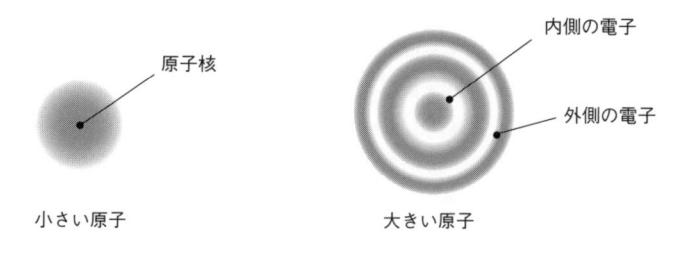

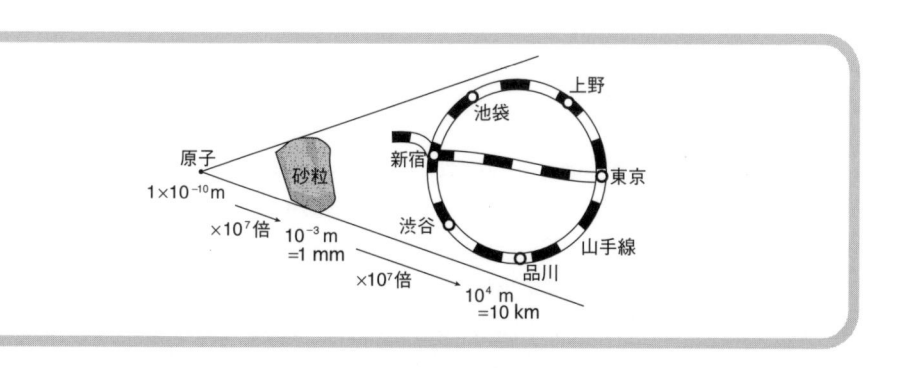

原子核
小さい原子

内側の電子
外側の電子
大きい原子

原子
$1×10^{-10}$ m
×10^7倍
砂粒
10^{-3} m
=1 mm
×10^7倍
10^4 m
=10 km

上野
池袋
新宿
東京
渋谷
品川
山手線

7◆原子核と電子雲

concept 8 — 原子核

原子核はプラスに荷電した陽子と，電気的に中性な中性子とからなる．直径は原子の1万分の1ほどであるが，原子の質量の99.5％以上を占める

Key word 原子核構造，陽子，中性子，同位体

原子核の大きさ

原子核の直径はだいたい 10^{-12} cm である．原子の 1 万分の 1 である．原子核を直径 1 mm の砂粒としたら原子は直径 10 m の球である．これは**原子を教室とすると，原子核はその中心に置いた砂粒のようなイメージ**である．

陽子と中性子

最も小さい水素原子の原子核は陽子（p）である．しかし，水素以外の原子核は 2 種類の粒子からできている．陽子と中性子（n）である．陽子はプラス 1 の電荷を持っているが，中性子は電気的に中性である．

中性子と陽子の質量はほぼ等しい．その重さは電子の重さの約 2 千倍（正確には 1840 倍）である．したがって陽子と電子からなる水素原子の重さはそのほとんど（99.95 ％）が原子核の重さということになる．

原子核構造

原子核が陽子だけからできていたなら，陽子の持つプラス電荷の反発で不安定化すると考えられる．中性子はその反発を和らげている．そのため，大きな原子核では中性子の割合が大きくなっている．ヘリウムでは陽子：中性子 ＝ 2：2 である．しかしクリプトンでは 36：48 であり，ラドンでは 86：136 である．

同位体

陽子の個数は同じだが，中性子の個数の異なる原子核を，互いに同位体という．水素原子のうち 99.985 ％ は陽子のみでできた原子核を持つ．しかし 0.015 ％ の水素原子核は 1 個の陽子とともに 1 個の中性子を持っている．これを重水素（D）と呼ぶ．さらに，非常に小さい割合ではあるが中性子を 2 個持つ三重水素（T）も存在する．水素，重水素，三重水素は水素の同位体である．

原子核の大きさ

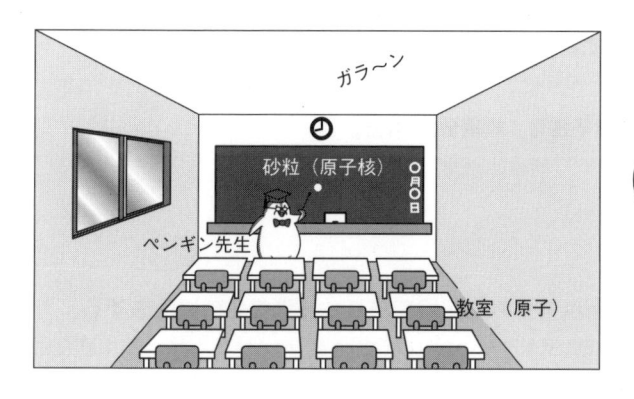

黒板：砂粒（原子核）
ペンギン先生
教室（原子）
ガラ〜ン

ボクもペンギン先生の授業を受けてミタイナー

陽子と中性子

	名称	記号	電荷	質量
原子	電子	e	$-e$	9.1091×10^{-31} kg
原子核	陽子	p	$+e$	1.6726×10^{-27} kg
	中性子	n	o	1.6749×10^{-27} kg

原子核構造と同位体

● 陽子　　○ 中性子

水素原子核　　┐
重水素原子核　├ 同位体
三重水素原子核┘

ヘリウム原子核

大きい原子核

concept 9 元素記号

各元素に割り振られた特有のアルファベットを元素記号という．元素記号に原子番号と質量数を付けて表すこともある．

Key word 原子番号，質量数，陽電荷

元素記号

元素記号は元素に割り振られた記号であり，元素の名前に由来する．元素名の英語，ドイツ語，あるいはラテン語などの頭文字などから作ったものである．例えば水素 H は英語の Hydrogen の頭文字，銅 Cu はラテン語の Cuprum の先頭 2 文字，タングステン W はドイツ語の Wolfram の頭文字に由来する．

原子番号

原子核を構成する陽子の個数をその元素の原子番号といい，記号 Z で表す．陽子は $+e$ の電荷を持つが，これを 1 陽電荷というので，原子番号はその原子核の持つ陽電荷数を表すことになる．原子番号 1 の水素原子は電荷数 1 であり，原子番号 92 のウランの電荷数は 92 である．

中性の原子は原子番号の個数だけの電子を持つ．電子の電荷は $-e$ で，電荷の絶対量が陽子と等しい．したがって，Z 個の陽子と Z 個の電子とで電荷が中和されるので，原子は電気的に中性となる．

質量数

原子核を構成する陽子と中性子の個数の和を質量数といい，記号 A で表す．したがって原子核に含まれる中性子の個数は，質量数と原子番号の差，$A - Z$ で計算できる．ここまでに定義した言葉を使えば，同位体とは原子番号が同じで質量数の異なる原子であるということになる．

質量数，原子番号付き元素記号

元素記号に質量数，原子番号を付けて表すことがある．その際には左肩に質量数，左脚に原子番号を付ける．同位体など，原子核の違いを表記する際や，原子核反応などを表す際に用いられる．

元素記号

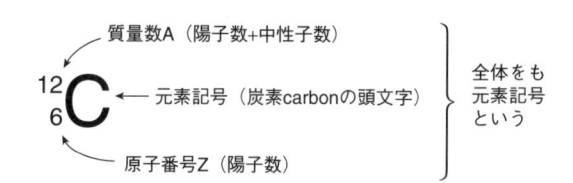

$^{12}_{6}\text{C}$

- 質量数A（陽子数+中性子数）
- 元素記号（炭素carbonの頭文字）
- 原子番号Z（陽子数）

全体をも元素記号という

中性の原子

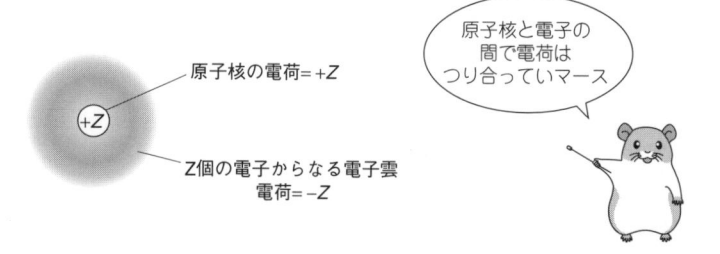

- 原子核の電荷 = $+Z$
- Z個の電子からなる電子雲 電荷 = $-Z$

原子核と電子の間で電荷はつり合っていマース

同位体

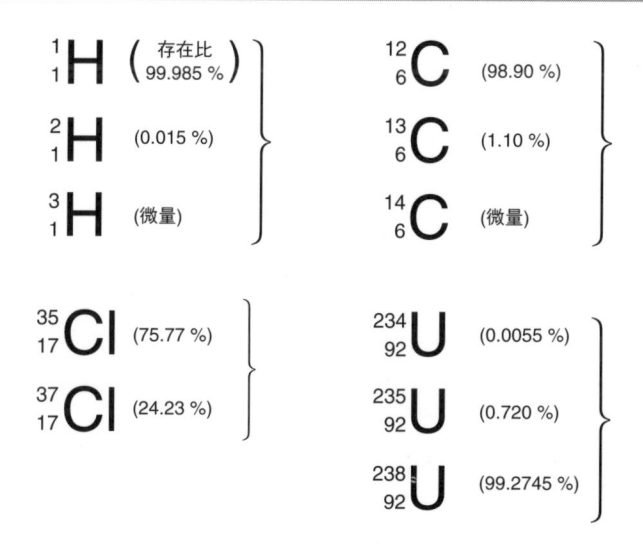

$^{1}_{1}\text{H}$ （存在比 99.985 %）
$^{2}_{1}\text{H}$ （0.015 %）
$^{3}_{1}\text{H}$ （微量）

$^{12}_{6}\text{C}$ （98.90 %）
$^{13}_{6}\text{C}$ （1.10 %）
$^{14}_{6}\text{C}$ （微量）

$^{35}_{17}\text{Cl}$ （75.77 %）
$^{37}_{17}\text{Cl}$ （24.23 %）

$^{234}_{92}\text{U}$ （0.0055 %）
$^{235}_{92}\text{U}$ （0.720 %）
$^{238}_{92}\text{U}$ （99.2745 %）

concept 10 原子核反応

原子が反応するように，原子核も反応（原子核反応）して別の原子核に変化する．放射線は原子核反応に伴って放出される生成物の一種である．放射線を放出する能力を放射能という．放射能を持つ元素を放射性元素という．

Key word 放射能，放射線，α線，β線，γ線，放射性元素，原子核崩壊

放射線

原子核が反応すると放射線が発生する．放射線にはα線，β線，γ線などがあり，人体に有害なものが多い．**放射線を発生する能力を放射能という**．すなわち，放射能を持つ原子核が放射線を発生するのである．投手能力（放射能）を持つ野球選手（原子核）がボール（放射線）を投げるようなものである．当たって痛いのはボール（放射線）であって，放射能ではない．

原子核崩壊

原子核崩壊とは，原子核が放射線を放出してほかの原子核に変化する反応である． 原子核は水滴のようなものと考えられる．図では陽子と中性子を液体として洗面器に入れた模型で表した．洗面器を揺らしたら波が立つ．もっと揺らしたら液体は液滴となってこぼれる．このこぼれた水滴が放射線である．小さい液滴なら中性子だろうが，大きい液滴になるとα線になる．

α線を放出する崩壊をα崩壊という．α崩壊の結果，原子核の原子番号は 2，質量数は 4 少なくなる．β線を放出するβ崩壊では，原子核の原子番号は 1 だけ大きくなる．これは表に示したように，β線は中性子が陽子に変化するときに放出されるからである．すなわち，原子核中では陽子が 1 個増えているのである．

原子核反応

原子核どうしが起こす反応を原子核反応という．表記のしかたは普通の化学反応と同じである．矢印の右と左とで，原子番号の総和と質量数の総和は互いに変化しない．

放射線

名称	本体	特徴
α線	$^4_2$Heの原子核	高エネルギーだが遮蔽されやすい
β線	電子（e）	n→p$^+$＋e$^-$ の反応で生じる
γ線	電磁波	X線より波長が短く，高エネルギー
中性子線	中性子（n）	電気的に中性のため遮蔽が困難

原子核崩壊

α崩壊　　$^{238}_{92}$U $\longrightarrow$ $^{234}_{90}$Th ＋ $^4_2\alpha$

β崩壊　　$^{14}_{6}$C $\longrightarrow$ $^{14}_{7}$N ＋ $^{\ 0}_{-1}\beta$

原子核反応

$^{10}_{5}$B ＋ $^1_0$n $\longrightarrow$ $^4_2$He ＋ $^7_3$Li

$^{27}_{13}$Al ＋ $^4_2$He $\longrightarrow$ $^{30}_{15}$P ＋ $^1_0$n

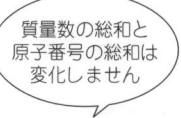

質量数の総和と原子番号の総和は変化しません

concept 11 — 核分裂と核融合

大きい原子核が核分裂するときに発生する，多大なエネルギーを利用したのが原子炉である．一方，小さい原子核が核融合するときに発生するエネルギーを，利用しようというのが核融合炉である．恒星は天然の核融合炉である．

Key word 結合エネルギー，原子爆弾，水素爆弾，原子炉，核融合炉，連鎖反応

結合エネルギー

原子を結びつける力を結合エネルギーという．**原子核の中で，陽子や中性子などの核子を結びつけている力も結合エネルギーという**．結合エネルギーを計ることによって原子核の安定性を推定することができる．この安定度を図に示した．大きい原子核も，小さい原子核も不安定である．そして，最も安定な状態は質量数 60 あたり，原子でいえば鉄のあたりに相当する．

この図から，**大きい原子核を分裂させて小さくするか，あるいは小さい原子核を融合して大きくすれば，エネルギーが放出されることがわかる**．

核分裂

^{235}U に中性子を衝突させると，^{235}U 原子核は多大なエネルギーを放出して多種類の小さい原子核に分裂し，それと同時に数個の中性子を発生する．このように**大きい原子核が小さい原子核に分裂する反応を核分裂という**．この数個の中性子が数個の ^{235}U に衝突してそれを分裂させ，そこで発生した（数個×数個）個の中性子がまた（数個×数個）個の ^{235}U を，と反応はねずみ算式に増えていき，膨大なエネルギーを発生する．このような反応を連鎖反応という．核分裂エネルギーを破壊のために用いたのが原子爆弾であり，平和のために用いたのが原子力発電の原子炉である．

核融合

2 個の重水素原子核が合体すればヘリウム原子核ができる．**このような反応を核融合といい，膨大なエネルギーが発生する**．これを利用した爆弾が水素爆弾である．太陽は核融合によって輝いているのであり，人類も核融合の平和的利用を目指して，核融合炉の開発を研究中である．

結合エネルギー

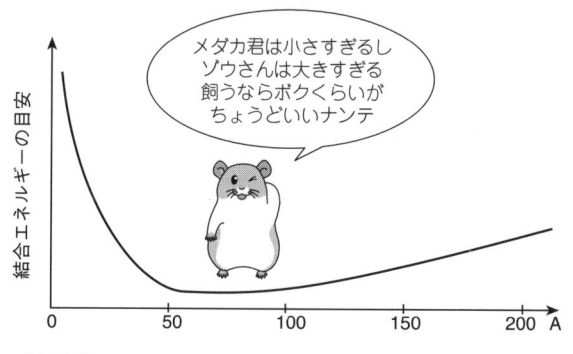

結合エネルギーの目安

メダカ君は小さすぎるし
ゾウさんは大きすぎる
飼うならボクらいが
ちょうどいいナンテ

横軸: A (0, 50, 100, 150, 200)

核融合

$$^3_1H + {}^2_1H \longrightarrow {}^4_2He + {}^1_0n$$

核分裂

$$^{235}U + {}^1_0n \longrightarrow {}^{142}_{54}Xe + {}^{92}_{38}Sr + 2{}^1_0n$$

核分裂

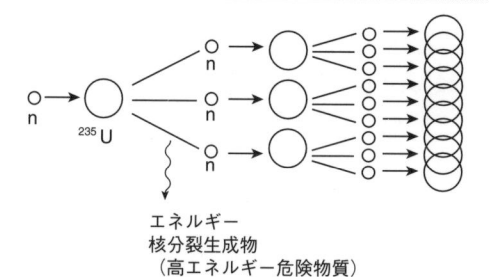

$n \to {}^{235}U$

エネルギー
核分裂生成物
（高エネルギー危険物質）

核融合

$$^3_1H + {}^2_1H \longrightarrow {}^4_2He + {}^1_0n + 17.8 \text{ MeV}$$

$$^2_1H + {}^2_1H \longrightarrow {}^3_2He + {}^1_0n + 3.27 \text{ MeV}$$

$$^2_1H + {}^3_2He \longrightarrow {}^4_2He + {}^1_1H + 18.4 \text{ MeV}$$

$${}^3_1H + {}^2_1H \to {}^4_2He + {}^1_0n$$
エネルギー

3章 原子構造

concept 12 量子化

ある量の値が連続でなく，とびとびの値しかとれないとき，その量は量子化されているという．量子化された量を規定する数を量子数という．

Key word 量子数，連続量

エネルギーの量子化

われわれの住んでいる世界ではエネルギーは連続量である．どのようなエネルギーでもとることができる．自動車は静止の状態から高速で違反運転の 180 km/h を越えてまで，どのようなスピードでも出すことができる．

ところが，原子，分子の世界ではエネルギーはとびとびの量しかとることができない．動き出した自動車は 10 km/h のスピードでしか走れない．もう少し速く走ろうと思ったら，次に許されるスピードは 40 km/h，次は 90 km/h，次は 160 km/h，ととびとびのスピードに限られるのである．このように**ある量がとびとびの量しかとれないとき，その量は量子化されているという．**

量子数

量子化は具体的には量子数を通じて現れる．

上で見た自動車のスピードに例をとって見てみよう．10 km/h の状態を状態Ⅰ，40 km/h の状態を状態Ⅱ，次を状態Ⅲ，状態Ⅳとする．量子化された状態では，各状態に量子数が割り振られる．量子数とは多くの場合，正または負の整数であることが多い．

この例では正の整数とし，各状態の量子数を状態Ⅰに 1，Ⅱに 2，Ⅲに 3，というぐあいにしよう．各状態のスピードは 10 km/h（$n = 1$），40 km/h（$n = 2$），90 km/h（$n = 3$）…であるから，スピードは量子数を n とすると $10 \cdot n^2$ km/h に限られていたことになる．

これが量子数と量子化されたスピードの関係である．

原子，分子の領域では多くの量が量子化されている．そしてその量子化された量は量子数を元にして決められる．したがって，原子，分子がどのような状態にあるのか，を知るためにはその状態の量子数を知ればよいことになる．あるいは量子数が決まれば，その状態の原子，分子の全挙動がわかることになる．

量子化

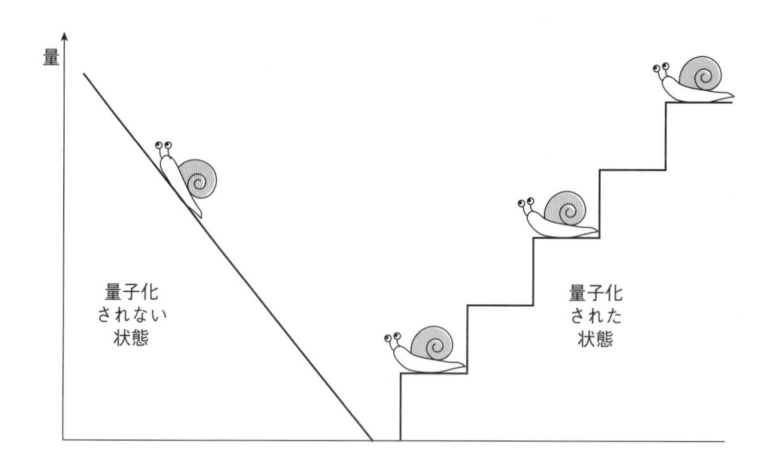

量
量子化されない状態
量子化された状態

自動車の速度

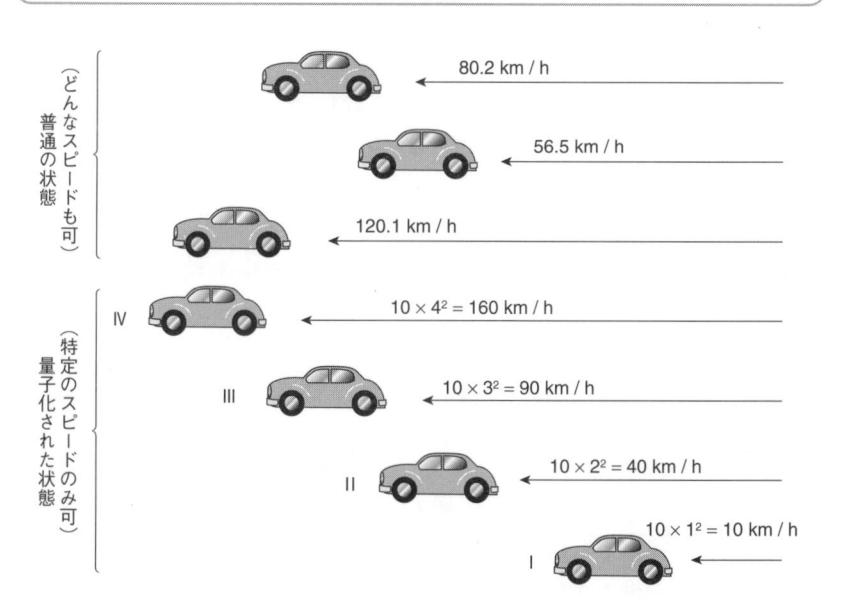

（どんなスピードも可）普通の状態
- 80.2 km / h
- 56.5 km / h
- 120.1 km / h

（特定のスピードのみ可）量子化された状態
- IV　$10 \times 4^2 = 160$ km / h
- III　$10 \times 3^2 = 90$ km / h
- II　$10 \times 2^2 = 40$ km / h
- I　$10 \times 1^2 = 10$ km / h

concept 13 殻

殻は原子に属する電子を収容するものである．殻には K，L，M 殻などがあり，それぞれに $n = 1, 2, 3$ などの量子数が付随する．各殻には特有の半径とエネルギーが付随し，収容できる電子数が決まっている．

Key word 収容可能電子数，半径，エネルギー，量子数，量子化

量子数

電子には，原子に属さない電子と，属する電子とがある．前者を自由電子という．**原子に属する電子は殻に収容される．**殻は原子を取り巻く殻のようなイメージである．何層にも重なって原子核を取り巻く．

殻には K 殻，L 殻などがあり，それぞれ量子数 n が付随する．その関係を表にまとめた．殻には収容できる最大定員が決められており，それは $2n^2$ 個である．

半径

殻には半径が定義される．**半径 r_n は量子数を n とし，最も小さい K 殻の半径を a とすると $r_n = n^2 a$ で表される．**各殻の半径の比を図に示した．ただし，これは原子核の電荷が同じ（原子番号が同じ，すなわち，同一原子）場合であり，原子核の電荷が n 倍になれば，半径は $1/n$ になる．すなわち，同じ N 殻の半径でも，He（Z = 2）の N 殻半径は H（Z = 2）の N 殻半径の 1/2 となる．

半径はこのほかに，内側の殻に電子がどのように詰まっているか，など，複雑な要素によって決定される．ここに示した図は，あくまでもおよその目安である．

エネルギー

殻にはエネルギーが定義される．**原子，分子のエネルギーは自由電子のエネルギーを 0 として，マイナス側に計られる．**マイナスに大きいエネルギーを持つ状態が安定な低エネルギー状態であり，0 に近づくと不安定な高エネルギー状態となる．

各殻のエネルギーは最も安定な K 殻のエネルギーを $-E$ とすると $-E/n^2$ で表される．

量子数

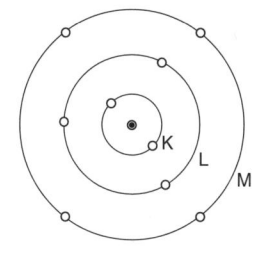

殻	量子数 n	収容可能電子数 $2n^2$	半径 n^2a	エネルギー $-E/n^2$
K	1	2	a	$-E$
L	2	8	$4a$	$-E/4$
M	3	18	$9a$	$-E/9$
N	4	32	$16a$	$-E/16$

半径

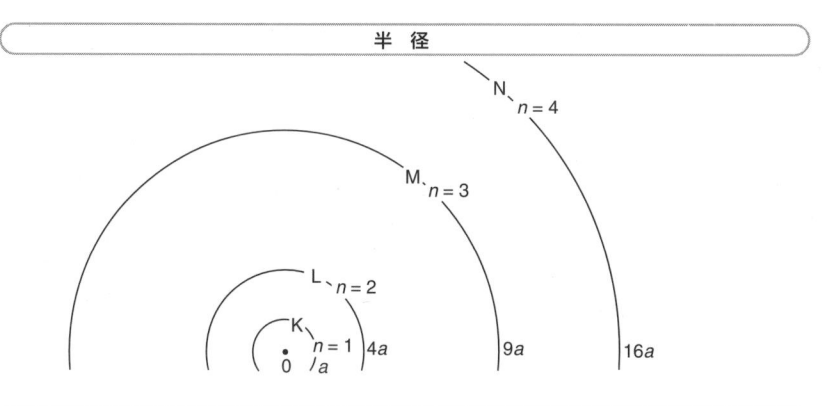

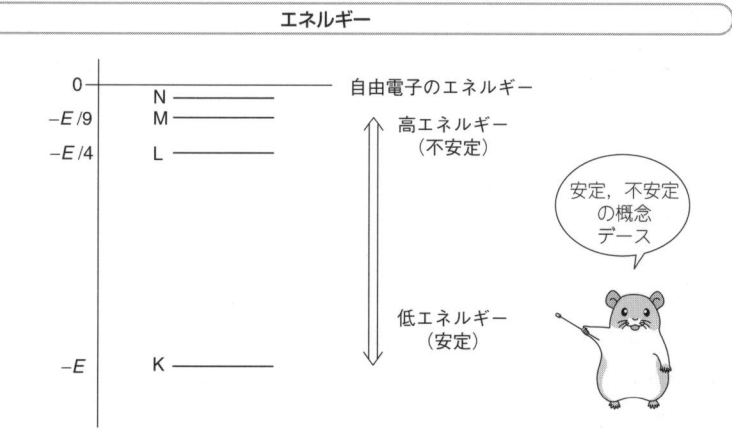

N, $n=4$
M, $n=3$
L, $n=2$
K, $n=1$
0, a, $4a$, $9a$, $16a$

エネルギー

0 ── 自由電子のエネルギー
$-E/9$ N ── 高エネルギー（不安定）
$-E/4$ L ──
$-E$ K ── 低エネルギー（安定）

安定, 不安定の概念デース

concept 14 軌道

電子の入る殻は，さらに重層構造になっている．すなわち，殻は数本の軌道の集合である．軌道にはs，p，d，f軌道などがあり，各軌道は特有の形と軌道エネルギーを持つ．

Key word　s軌道，p軌道，d軌道，軌道エネルギー，縮重（縮退），縮重軌道

軌道

K殻，L殻などの殻は，実は複雑な重層構造をしている．各殻は軌道と呼ばれるものの集合体なのである．軌道にはs軌道，p軌道，d軌道，f軌道など各種の軌道が知られている．

殻と軌道の関係は図に示したようなものである．K殻は1本のs軌道からなるだけである．しかし，L殻には1本のs軌道と3本のp軌道が存在する．M殻ではさらに5本のd軌道が加わる．このように，殻の量子数が増えるにつれて，重層構造は複雑になる．

また，同じs軌道でも，K殻のs軌道とL殻のs軌道では性質が異なる．そのため，殻の量子数を前に付けて，1s軌道，2s軌道などと区別する．p，d軌道についても同様である．

このようすはホテルに例えるとわかりやすい．各フロア（殻）に客室（軌道）があるのである．各部屋は特有の形をし，特有の料金が決まっている．

軌道エネルギー

ホテルの料金に相当するのが，軌道エネルギーである．料金はフロア（殻）によっておおまかに決められているが，同じフロアでも部屋の種類によって微妙に異なる．s軌道はエネルギーが最も低く，p軌道，d軌道になるにつれて高エネルギーとなる．その関係を図に示した．

各殻にはp軌道が3本ずつ存在する．そして，その3本はエネルギーが等しい．このように，**エネルギーの等しい軌道を，互いに縮重（縮退ともいう）した縮重軌道という**．p軌道は3本が縮重しているので3重縮重，d軌道は5重縮重という．

軌道

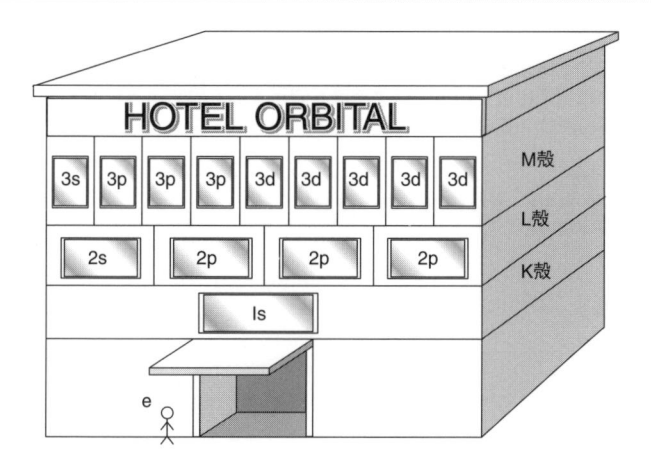

HOTEL ORBITAL

M殻: 3s 3p 3p 3p 3d 3d 3d 3d
L殻: 2s 2p 2p 2p
K殻: 1s

軌道エネルギー

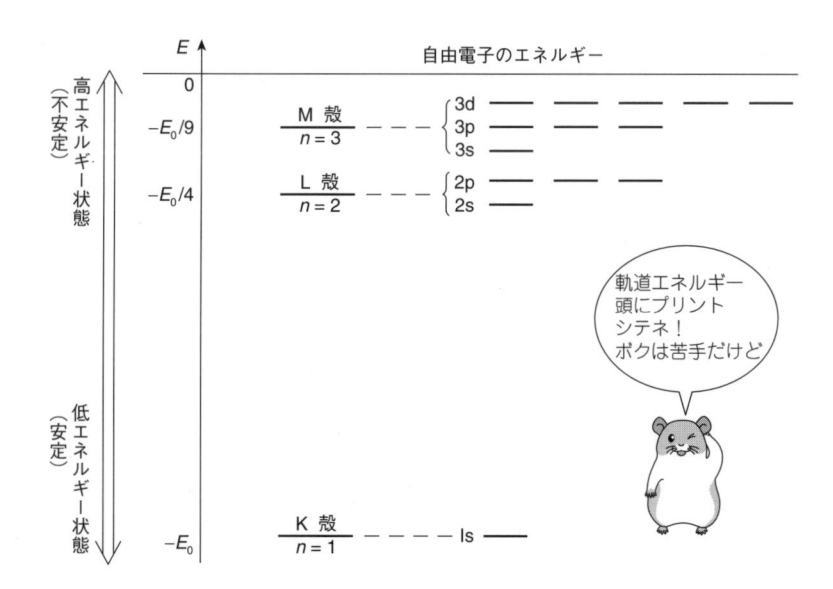

高エネルギー状態（不安定） ↕ 低エネルギー状態（安定）

- $E = 0$: 自由電子のエネルギー
- $-E_0/9$: M殻 $n=3$ — 3d, 3p, 3s
- $-E_0/4$: L殻 $n=2$ — 2p, 2s
- $-E_0$: K殻 $n=1$ — 1s

軌道エネルギー頭にプリントシテネ！ボクは苦手だけど

concept 15 電子雲

電子を粒子と考えると，電子は移動し続ける．ある場所に電子が存在する確率を存在確率あるいは電子密度という．電子密度を図示すると雲のように見えるので電子雲という．電子雲の形は，その電子が属する軌道に特有である．

Key word 存在確率，電子密度

存在確率

図は電子のスナップ写真である．ある瞬間瞬間で電子のいる位置は異なる．n 枚の写真を撮って重ね焼きすると，**電子の存在する確率に応じて，濃淡のある写真ができる．これを電子雲という．これはその位置での電子の密度とも考えられるので，電子密度ともいう．**

電子雲

台所のガスレンジの上に換気扇がある．レンジから換気扇に向かって空気の流れが存在する．ふだんは何も見えない．しかし，レンジでもしサンマを焼いたらサンマから出る青い煙がレンジから換気扇へ流れて行くのが見える．

この空気の流れが軌道である．電車の走る軌道と違って，**電子の入る軌道は電子（煙）が入らなければ見えない．しかし電子（煙）が入ると電子雲（煙の流れ）として見えてくることになる．**

s 軌道

s 軌道の形は球形である． 1s 軌道は，後に結合を考えるときのために，みたらし団子のようなものを類推すればよい．2s 軌道は二重の球である．球の中にもう一つの球が入っている．3s 軌道は三重の球である．

p 軌道

p 軌道は全部で 3 本ある．3 本の p 軌道は方向が違うだけで，形はまったく等しい．2 個だけ食べ残したみたらし団子の形である．くしの方向が軌道の方向であり，原子核は 2 個のお団子の中間にある．

3 本の p 軌道はそれぞれ直交座標軸，x, y, z 軸上に存在するのでそれぞれ p_x, p_y, p_z として区別する．

存在確率

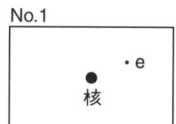

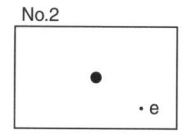

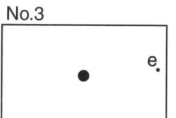

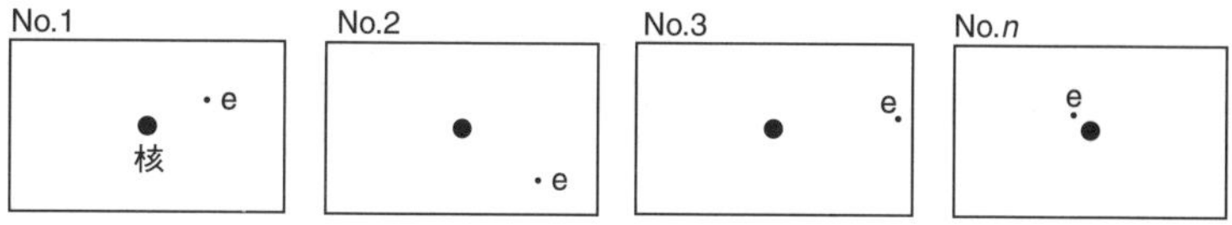

No.1 核● ・e
No.2 ● ・e
No.3 ● e・
No.n e・●

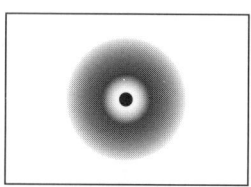

No.1〜n

s軌道

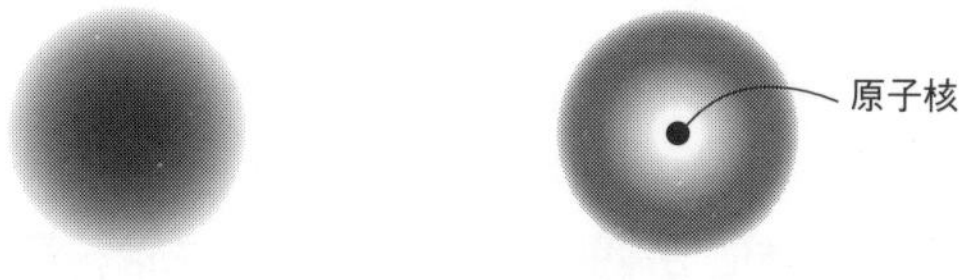

外観 / 原子核 / 断面図

p軌道

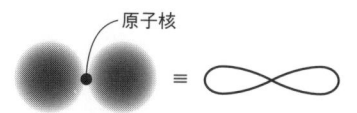

原子核
1本のp軌道 ≡ 簡略図

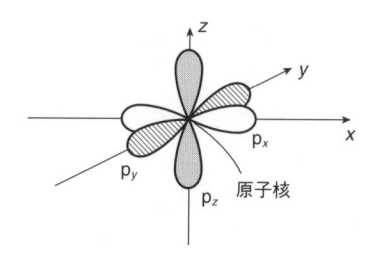

p_x, p_y, p_z 原子核

ワタシは
ミタラシは
ニガテ
ナノジャガ

シカタナイカ

concept 16 — 電子配置

電子配置は電子がどの軌道に入っているかを表す．電子が殻の定員いっぱいに入った状態を閉殻構造，それ以外を開殻構造という．閉殻構造は安定である．

Key word　スピン，平行，逆平行，閉殻構造，開殻構造

スピン

電子は自転（スピン）している．スピンの方向は，右回りか左回りかである．電子を矢印で表して，その向きの上下でスピン方向が異なることを表すことが多い．

電子配置の原理

軌道に電子が入る場合にはその入り方に原理がある．

原理1：**エネルギーの低い軌道から順番に入っていく．**
原理2：**1本の軌道に2個の電子が入るときには，互いにスピンの向きを逆（逆平行）にしなければならない．**
原理3：**1本の軌道に2個以上の電子が入ることはできない．**
原理4：**スピンの方向をできるだけ同じ方向にそろえた（平行）ほうが安定である．**

電子配置

図は，上の原理1から4に従って軌道に電子を入れていったものである．

Hは電子を1個しか持たない．1個の電子は原理1に従って最もエネルギーの低い1s軌道に入る．Heの2個の電子は原理1と2に従って1s軌道にスピンを逆平行にして入る．原理3に従って，これで量子数 $n=1$ の軌道は満杯になったことになる．**この状態を $n=1$ のK殻が満杯になった（ホテルを閉めた）ということで閉殻状態という．**

次のLiからは $n=2$ の軌道を使う．Liの3個の電子のうち2個は1s軌道に入り，3個目は2s軌道に入る．Beの4個目の電子は2s軌道にスピンを逆平行にして入る．Bからは2p軌道を使う．C, Nでは原理4に従って電子はスピンを平行にするため，1本のp軌道に1個だけ入っている．Neに至って $n=2$ の軌道も満杯になったことになる．これも閉殻状態である．

スピン

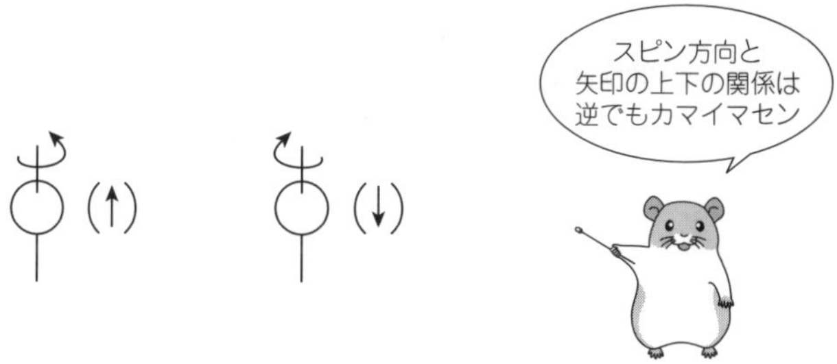

(↑)　(↓)

スピン方向と矢印の上下の関係は逆でもカマイマセン

原理

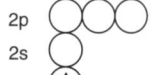

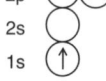

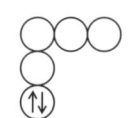

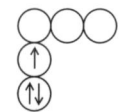

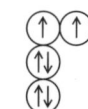

	原理1	原理2	原理3	原理4
	下から入る	向きを変える	2個以上はダメ	方向をそろえる

電子配置

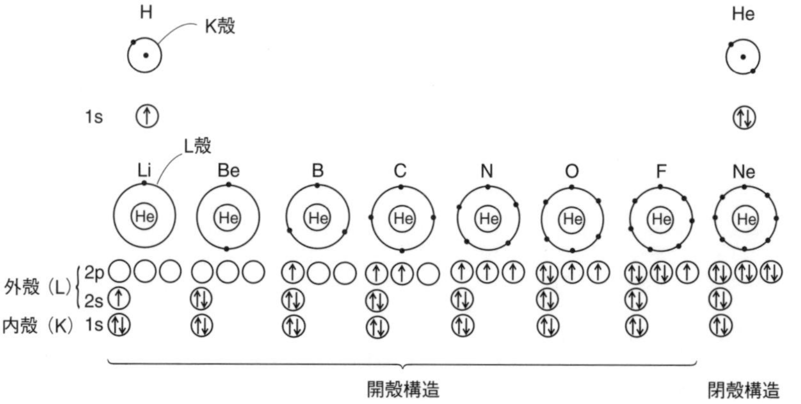

H　K殻　　　　　　　　　　　　　　　　　　　　　He

外殻 (L) 2p, 2s
内殻 (K) 1s

Li　Be　B　C　N　O　F　Ne

開殻構造　　　　　　　　　　　閉殻構造

concept 17 — 周期表

原子を原子番号の順に並べたものを周期表という．性質の似た元素が縦に並ぶ．これを族という．

Key word 周期，族，典型元素，遷移元素

周期

周期表で横に並んだ一連を周期という．表の左端に付いている数字に従って第何周期という．周期は，量子数に対応している．

第1周期にはHとHeが存在し，電子配置としては$n=1$のK殻に電子が入っていく周期である．第2周期はL殻，第3周期はM殻のs軌道とp軌道に電子が入る周期である．第6周期にはランタノイドと呼ばれる一連の元素が加わる．第7周期にはアクチノイドが加わり，途中で終わっているが，これは地球上に安定に存在する元素，および人工的に作り出した不安定元素まで含めても，現在のところ，これだけの種類の元素しか知られていないからである．

族

周期表の上に並んだ数字は族を表す．同じ族に属する元素は互いに似た性質を持つ．すなわち，メンデレエフが発見した周期性の本質はこの族にある．周期表をすべて覚える必要はまったくない．スイヘイリーベとかと周期の順に覚えるのも，無意味とは言わないがあまり役にはたたない．

たいせつなのは族を覚えることである．第1族はHを除いてアルカリ金属と呼ばれ，+1価のイオンになりやすい元素である，第2族はアルカリ土類金属と呼ばれ，+2価のイオンになりやすい，というぐあいに族名と電荷を周期表に書き加えておいた．

同じ族の元素は似た性質を持つ．これが周期表の本質である．

典型元素と遷移元素

第1，2族および，第12族から第18族までを典型元素という．典型元素の性質は各族によって大筋で一定している．一方，第3族から第11族までは遷移元素と呼ばれ，いろいろの価数の陽イオンになる性質の金属元素である．

各元素の4桁の原子量 a) $Ar(^{12}C) = 12$

族 周期	1	2	3	4	5	6	7	8	9	10	11	12	13	14	15	16	17	18
1	1H 水素 1.008																	2He ヘリウム 4.003
2	3Li リチウム 6.941	4Be ベリリウム 9.012											5B ホウ素 10.81	6C 炭素 12.01	7N 窒素 14.01	8O 酸素 16.00	9F フッ素 19.00	10Ne ネオン 20.18
3	11Na ナトリウム 22.99	12Mg マグネシウム 24.31											13Al アルミニウム 26.98	14Si ケイ素 28.09	15P リン 30.97	16S 硫黄 32.07	17Cl 塩素 35.45	18Ar アルゴン 39.95
4	19K カリウム 39.10	20Ca カルシウム 40.08	21Sc スカンジウム 44.96	22Ti チタン 47.87	23V バナジウム 50.94	24Cr クロム 52.00	25Mn マンガン 54.94	26Fe 鉄 55.85	27Co コバルト 58.93	28Ni ニッケル 58.69	29Cu 銅 63.55	30Zn 亜鉛 65.41	31Ga ガリウム 69.72	32Ge ゲルマニウム 72.64	33As ヒ素 74.92	34Se セレン 78.96	35Br 臭素 79.90	36Kr クリプトン 83.80
5	37Rb ルビジウム 85.47	38Sr ストロンチウム 87.62	39Y イットリウム 88.91	40Zr ジルコニウム 91.22	41Nb ニオブ 92.91	42Mo モリブデン 95.94	43Tc テクネチウム (99)	44Ru ルテニウム 101.1	45Rh ロジウム 102.9	46Pd パラジウム 106.4	47Ag 銀 107.9	48Cd カドミウム 112.4	49In インジウム 114.8	50Sn スズ 118.7	51Sb アンチモン 121.8	52Te テルル 127.6	53I ヨウ素 126.9	54Xe キセノン 131.3
6	55Cs セシウム 132.9	56Ba バリウム 137.3	* ランタノイド 57～71	72Hf ハフニウム 178.5	73Ta タンタル 180.9	74W タングステン 183.8	75Re レニウム 186.2	76Os オスミウム 190.2	77Ir イリジウム 192.2	78Pt 白金 195.1	79Au 金 197.0	80Hg 水銀 200.6	81Tl タリウム 204.4	82Pb 鉛 207.2	83Bi ビスマス 209.0	84Po ポロニウム (210)	85At アスタチン (210)	86Rn ラドン (222)
7	87Fr フランシウム (223)	88Ra ラジウム (226)	† アクチノイド 89-103	104Rf ラザホージウム (261)	105Db ドブニウム (262)	106Sg シーボーギウム (263)	107Bh ボーリウム (264)	108Hs ハッシウム (269)	109Mt マイトネリウム (268)									
電荷	+1	+2					複雑					+2	+3		-3	-2	-1	
名称	アルカリ金属	アルカリ土類金属											ホウ素族	炭素族	窒素族	酸素族	ハロゲン	希ガス元素
	典型元素						遷移元素								典型元素			

*ランタノイド

57La ランタン 138.9	58Ce セリウム 140.1	59Pr プラセオジム 140.9	60Nd ネオジム 144.2	61Pm プロメチウム (145)	62Sm サマリウム 150.4	63Eu ユウロピウム 152.0	64Gd ガドリニウム 157.3	65Tb テルビウム 158.9	66Dy ジスプロシウム 162.5	67Ho ホルミウム 164.9	68Er エルビウム 167.3	69Tm ツリウム 168.9	70Yb イッテルビウム 173.0	71Lu ルテチウム 175.0

†アクチノイド

89Ac アクチニウム (227)	90Th トリウム 232.0	91Pa プロトアクチニウム 231.0	92U ウラン 238.0	93Np ネプツニウム (237)	94Pu プルトニウム (239)	95Am アメリシウム (243)	96Cm キュリウム (247)	97Bk バークリウム (247)	98Cf カリホルニウム (252)	99Es アインスタイニウム (252)	100Fm フェルミウム (257)	101Md メンデレビウム (258)	102No ノーベリウム (259)	103Lr ローレンシウム (262)

a) この表の値はIUPAC 原子量表 (2001) による。

concept 18 — 電気陰性度

原子が電子を引きつける度合いを電気陰性度という．電気陰性度の大きい原子はマイナスに荷電しやすい．

Key word イオン化エネルギー，電子親和力，遷移

イオン化エネルギー

原子 X の軌道に入っている電子に適当なエネルギー I を与えれば，電子は上に飛び上がって自由電子となる．そのため，原子 X は電子を失って陽イオン X^+ となる．**このエネルギー I をイオン化エネルギーという**．なお，電子が軌道の間を移動することを特に遷移という．

電子親和力

自由電子が原子 X の空軌道に落ちれば（遷移），そのエネルギー差 A を外部に放出する．原子 X は電子を獲得して陰イオン X^- となる．**このエネルギー A を電子親和力という**．

電気陰性度

イオン化エネルギーの絶対値が大きいことは，陽イオンになるのに大きなエネルギーを要することを意味する．これは陽イオンになりにくい，さらには陰イオンになりやすいことを意味する．一方，電子親和力の絶対値が大きいことは陰イオン状態が安定なことを意味し，陰イオンになりやすいことを示す．

以上から，イオン化エネルギーと電子親和力の絶対値が大きい原子は陰イオンになりやすい，すなわち，電子を引きつける性質が強いということになる．

このことから，**イオン化エネルギーと電子親和力の絶対値の平均を元にして電気陰性度と呼ばれる量（χ，カイ）が定義された**．

電気陰性度の周期性

電気陰性度を周期表に従って並べると周期性のあることがわかる．右の元素は左の元素より大きく，上の元素は下の元素より大きい．すなわち，**図に矢印で表したように周期表の右上にいくほど大きくなっている**．

イオン化エネルギー、電子親和力

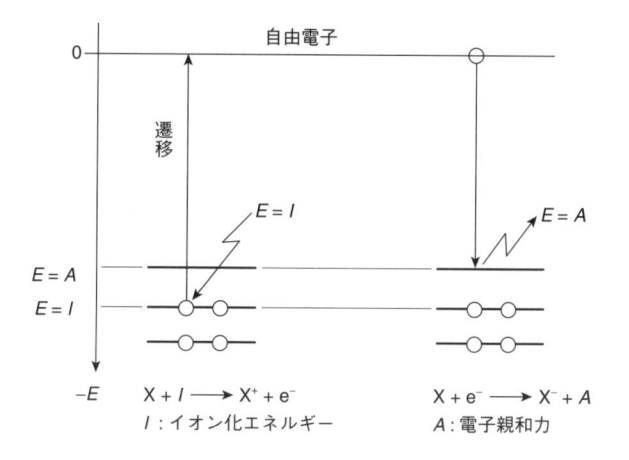

$X + I \longrightarrow X^+ + e^-$
I：イオン化エネルギー

$X + e^- \longrightarrow X^- + A$
A：電子親和力

電気陰性度

電気陰性度 $\chi \propto \dfrac{|I| + |A|}{2}$

1族	2族	13族	14族	15族	16族	17族	18族
H (2.2)							He
Li (1.0)	Be (1.6)	B (2.0)	C (2.6)	N (3.0)	O (3.4)	F (4.0)	Ne
Na (0.9)	Mg (1.3)	Al (1.6)	Si (1.9)	P (2.2)	S (2.6)	Cl (3.2)	Ar
K (0.8)	Ca (1.0)	Ga (1.8)	Ge (2.0)	As (2.2)	Se (2.6)	Br (2.0)	Kr (3.0)
Rb (0.8)	Sr (1.0)	In (1.8)	Sn (2.0)	Sb (2.1)	Te (2.1)	I (2.7)	Xe (2.7)
Cs (0.8)	Ba (0.9)	Tl (2.0)	Pb (2.3)	Bi (2.0)	Po (2.0)	At (2.2)	Rn

χ 小　　χ 大

18◆電気陰性度

concept 19 原子半径

原子を球形と考え，その半径を原子半径という．何種類かの半径が定義されている．

Key word ファンデルワールス半径，結合半径，イオン半径

原子半径

原子を球と考えたとき，その半径を原子半径という．

水素原子は電子を 1 個しか持っていない．一方，原子番号 92 のウラン原子には 92 個の電子が存在する．92 個の電子が層構造をとるウランの原子半径は，水素よりかなり大きなものになりそうである．

原子核の陽電荷も原子番号とともに増える．水素の原子核は +1 価にすぎないがウランでは +92 価になる．これはウランの電子は水素の電子に比べて 92 倍のクーロン力で引きつけられていることを意味する．

実際にはもっと複雑な要素が絡んでくるが，単純に考えれば原子半径は上の二つの二律背反である．結果は，図に示したとおり，原子半径に極端な違いはない，ということになる．1 族元素で比べれば，最も小さい水素原子と図で最も大きいルビジウム原子とで，その大きさは 3.5 倍程度である．

さまざまな半径

一口に原子の大きさ（原子半径）といっても，その計り方によって各種のものが定義されている．

結合半径：分子 A_2 の原子間距離の半分は原子 A の半径と考えられる．このようにして計ったのが結合半径である．ただし，結合の種類によってこの距離は異なるので，共有結合半径，イオン結合半径，金属結合半径などがある．

ファンデルワールス半径：結合していない原子の最接近距離の半分と定義した半径である．したがって結合半径より大きいことになる．

イオン半径：イオンの半径である．電子を失った陽イオンは中性原子より小さく，電子を受け取った陰イオンは反対に大きい．

原子半径

H 79							He 49
Li 205	Be 140	B 117	C 91	N 75	O 65	F 55	Ne 51
Na 223	Mg 172	Al 182	Si 146	P 123	S 109	Cl 98	Ar 88
K 278	Ca 223	Ga 181	Ge 152	As 133	Se 122	Br 118	Kr 103
Rb 298	Sr 245	In 200	Sn 172	Sb 154	Tl 142	I 132	Xe 124

（大きさはpm = 10^{-12} m）

さまざまな半径

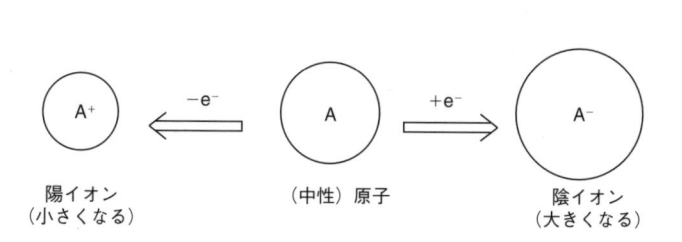

結合半径(r_c) × 2　　ファンデルワール半径(r_v) × 2

陽イオン（小さくなる） ← $-e^-$ ─ （中性）原子 ─ $+e^-$ → 陰イオン（大きくなる）

4章 結合

concept 20 化学結合

化学結合には原子を結合して分子を作るものと，分子間に働く分子間力がある．各々には，表に示したような多種類の結合がある．このうち，配位結合は原子間にも分子間にも働くことがある．ファンデルワールス力は結合というよりは，分子あるいは原子が弱く引き合う程度の引力である．

Key word 分子間力，疎水性相互作用，ππスタッキング

原子間に働く力

原子間に働いて分子を作る力を一般に結合という．

イオン結合：プラスとマイナスのイオン間に働くクーロン力である．

金属結合：金属結晶の中で，金属原子を結合させる力である．自由電子による結合である．

共有結合：2個の原子の間で2個の結合電子を共有することによって生じる結合である．共有結合にはσ結合とπ結合があり，一重結合はσ結合と同じものである．σ結合とπ結合が組み合わさると二重，三重結合となる．

分子間力

分子間に働いて，分子を結合させたり，引き合わせたりする力を分子間力という．

配位結合：配位結合は原子どうしを結合させることもあるので，原子間の結合と分子間力の中間に入る．アンモニウムイオン，ヒドロニウムイオンなどの例では原子間の結合として働く．しかし，各種の錯塩では分子間力として働いている．

水素結合：水分子の水素原子と酸素原子の間に働く引力である．本質はクーロン力である．

ファンデルワールス力：原子間，分子間に広く働く引力である．電気的に中性な分子間にも働いて，分子が凝集する力の原動力となっている．

分子間力としてはこのほかに，π電子を持っている分子の間で働く**ππスタッキング**，水中に散らばった油分子の間に働く**疎水性相互作用**などがある．

結合の種類

	結合名			例
原子間結合	イオン結合			$NaCl$, $MgCl_2$
	金属結合			鉄, 金, 銀
	共有結合	σ結合	一重結合	水素, メタン
		π結合	二重結合	酸素, エチレン
			三重結合	窒素, アセチレン
分子間結合	配位結合			アンモニウムイオン
	水素結合			水, 安息香酸
	ファンデルワールス力			ヘリウム, ベンゼン

配位結合

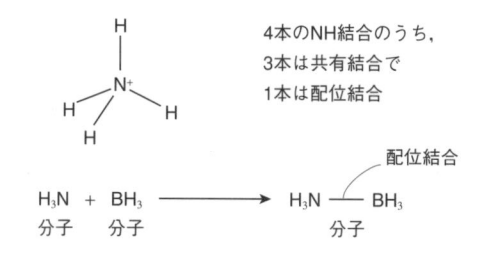

4本のNH結合のうち、
3本は共有結合で
1本は配位結合

H_3N + BH_3 ⟶ H_3N ― BH_3
分子   分子   分子
                    配位結合

分子間力

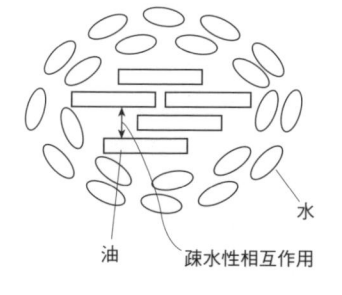

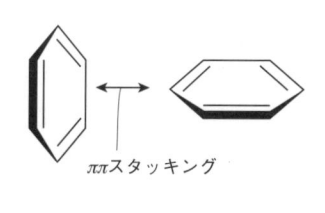

油　水　疎水性相互作用

ππスタッキング

concept 21 — イオン結合・金属結合

陽イオンと陰イオンの間に働く静電引力（クーロン力の一種）で結びついた結合をイオン結合という．金属原子の外殻電子が自由電子となり，この電子を負電荷ののりとし，陽電荷を持った金属原子核が結合されたものを金属結合という．

Key word　クーロン力，不飽和性，無方向性，自由電子

イオン結合

　陽イオンと陰イオンの間で起こる結合をイオン結合という．イオン結合の本質はクーロン力である．

　食塩は，ナトリウム Na と塩素 Cl とがイオン化して Na^+ と Cl^- になり，イオン結合（クーロン力）で結合している．

　電荷の間に働く力の特徴として，陽電荷の周りにある陰電荷に対してはその距離さえ同じなら，陰電荷が何個あろうと，どの方向にあろうとまったく同じ大きさで働く．これを不飽和性と無方向性という．このように食塩では，Na^+ は多くの Cl^- と引き合っており，Cl^- も同様に多くの Na^+ と引き合っている．

　したがって 1 個の Na^+ と 1 個の Cl^- とが結合した NaCl という分子は考えられないことになる．

金属結合

　鉄の結晶の中には，鉄の原子が整然と積み重なっている．箱に最も緻密に球を詰めると，箱の体積の 74 % を球の体積で占めることができる．残りは球と球の間のすき間である．鉄の原子はこのように密に詰まっている．

　このような状態では各原子に属していた電子は，少なくとも原子の外側にいた電子は，どの原子の電子といえる状態ではなくなる．電子は，鉄原子の集団全体に属することになる．このような電子を自由電子という．

　ここでは**多数のプラスの原子核が，マイナスの電子雲をのりとして接着されている，これが金属結合である**．鬼まんじゅうのイモが原子核であり，小麦粉の部分が電子雲である．

　このような**自由電子は結晶内を自由に動きまわることができる**．これが金属の電気伝導性，熱伝導性の原因となっている．

イオン結合

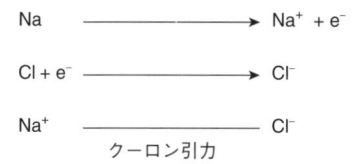

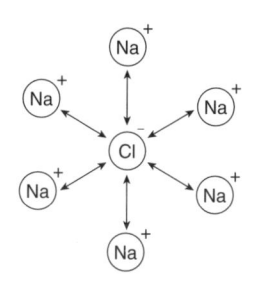

$$Na \longrightarrow Na^+ + e^-$$

$$Cl + e^- \longrightarrow Cl^-$$

$$Na^+ \underset{クーロン引力}{\longleftrightarrow} Cl^-$$

飽和性なし
方向性なし
これが共有結合
との大きな違いデース

金属結合

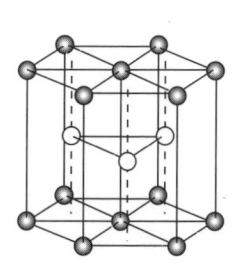

鉄原子のパッキング
（空間の74％）

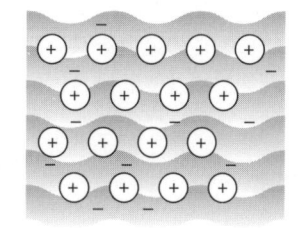

自由電子に埋った原子

オニマンジュー
小麦粉　イモ　皿

concept 22 — 共有結合

2個の原子が互いに1個ずつの電子を出し合い、それを互いに共有することによって形成する結合を共有結合という。

Key word 原子軌道, 分子軌道, 電子密度, 結合電子雲

分子軌道

図は、水素原子が近づいて水素分子が生じるときの、軌道の変化を表したものである。原子状態では各原子の電子は1s軌道に入っている。この1s軌道を原子に属する軌道ということで、**原子軌道（Atomic Orbital, AO）**ということがある。

原子が近づくと両方の1s軌道は重なっていき、分子になると1s軌道は消滅して、代わりに2個の水素原子核の周りに新たな軌道ができる。この軌道を分子に属する軌道ということで**分子軌道（Molecular Orbital, MO）**という。

分子軌道には、2個の原子から来た2個の電子が入る。そのため、分子を構成する2個の原子は、この2個の電子を互いに持ち合う形になっている。このことから、この結合を共有結合ということになった。

有機化合物を構成する結合はほとんどすべてが共有結合である。共有結合は最も化学結合らしい結合ともいえよう。

電子密度

原子軌道の電子密度が電子雲として表されたように、**分子軌道にも電子密度が定義され電子雲が存在する**。図は原子と分子の電子密度、電子雲の濃さを表す。分子の電子密度によれば、電子はそれぞれの原子の近傍だけでなく、2個の原子核の間にも存在していることがわかる。

結合電子雲

2個の原子核の間に電子雲が存在すること、これが共有結合の結合力の本質である。これは正に荷電した2個の水素原子核が、負に荷電した電子をのりとして接着されているようなイメージである。**この電子雲を、原子を結合させる電子雲ということで、特に結合電子雲という。**

分子軌道

原子軌道

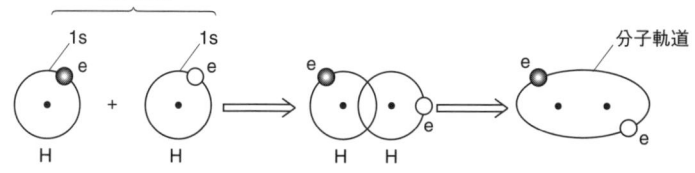

電子密度

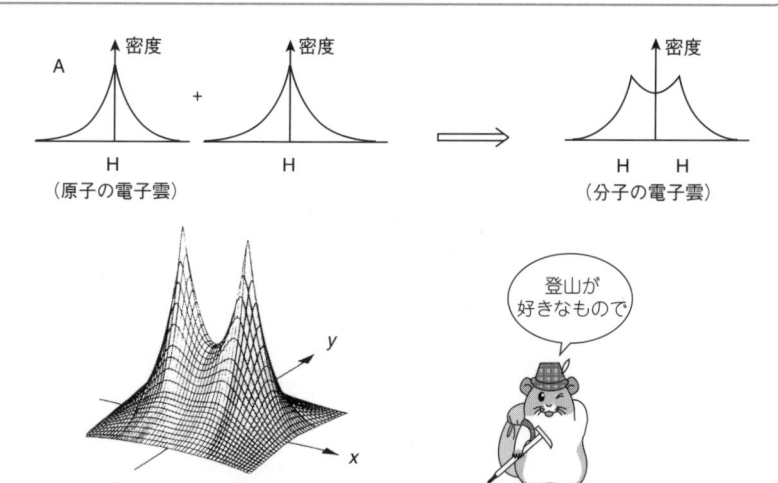

(原子の電子雲) → (分子の電子雲)

[関一彦, 物理化学, p.65, 図2.11, 岩波書店 (1997)]

登山が好きなもので

結合電子雲

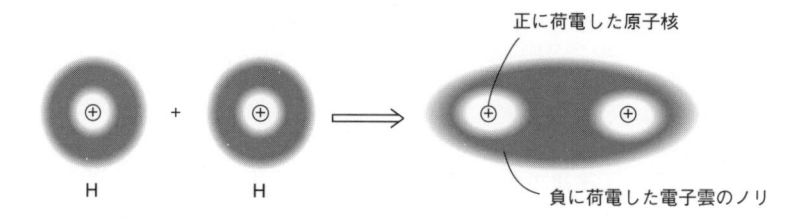

正に荷電した原子核

負に荷電した電子雲のノリ

concept 23 — 結合性軌道・反結合性軌道

分子軌道には，結合性軌道と反結合性軌道の2種がある．結合性軌道は結合を生成し，反結合性軌道は結合を切断するように働く．

Key word　軌道エネルギー，結合エネルギー，軌道相関

軌道エネルギー

　軌道が持つエネルギーを軌道エネルギーという．図1に，水素原子が水素分子を生成するときの，原子間距離 r と軌道エネルギーの関係を表した．r が大きく，両原子の軌道間に相互作用がない状態のエネルギーを α とする．**距離が近づくと両原子の軌道は相互作用を起こし，系のエネルギーは下がってくる．軌道が相互作用することを軌道相関という．**

　距離 r_0 でエネルギーは極小値 $\alpha + \beta$ となる．この r_0 が結合距離であり，ここで水素分子が生成したわけである．ところで，曲線はもう1本ある．そちらはエネルギーは上昇の一途をたどり，距離 r_0 でエネルギーは $\alpha - \beta$ となる．

結合性軌道と反結合性軌道

　上の関係は，結合距離 r_0 の所で，分子軌道が2本存在することを意味する．**エネルギー $\alpha + \beta$ を結合性軌道，$\alpha - \beta$ を反結合性軌道という．**それぞれの軌道における電子雲の状態を図2に示した．

　結合性軌道では，原子間に結合電子雲が存在し，原子は結合されて分子ができている．それに対して反結合性軌道では，原子間に結合電子雲が存在しない．すなわち分子ができていない．このように，**結合性軌道は分子を作るように働くが，反結合性軌道は分子を作らないように作用する．**

結合エネルギー

　分子軌道に電子が入るときの原則は，コンセプト16で見たものと同様である．すなわち，エネルギーの低い軌道から順に入り，1本の軌道には2個まで入ることができる．図2に電子配置を示した．

　図3に，原子状態と分子状態の電子のエネルギーを比較した．分子を作ることによって 2β だけ安定化したことがわかる．**これは結合を作ることによって安定化したエネルギーであるから，結合エネルギーということになる．**

軌道エネルギー

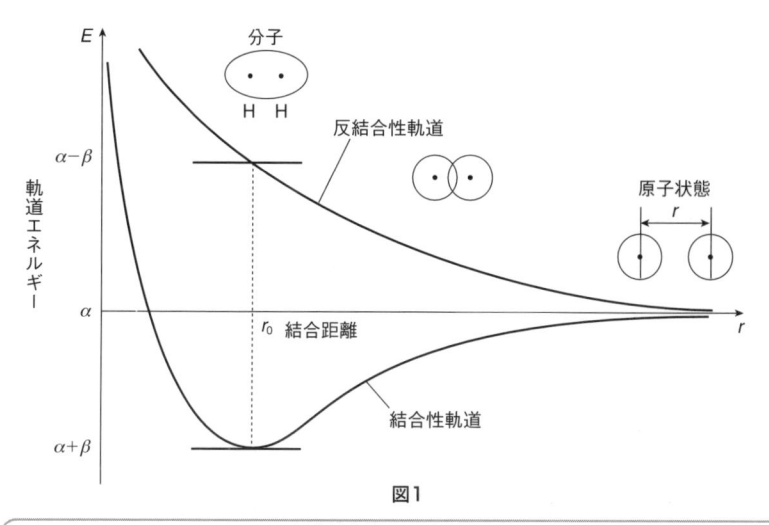

図1

結合性軌道と反結合性軌道

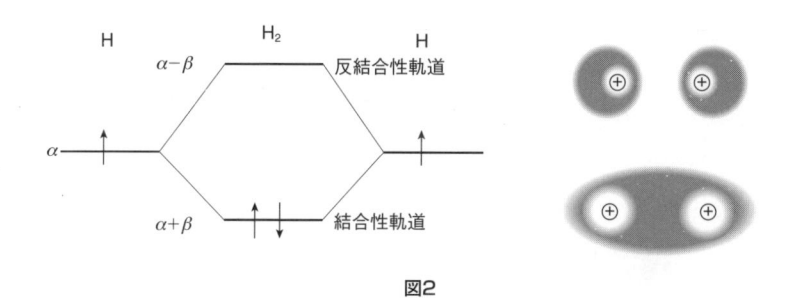

図2

結合エネルギー

$$\begin{array}{ll} 結合前 & \alpha+\alpha=2\alpha \\ 結合後 & 2(\alpha+\beta)=2\alpha+2\beta \\ \hline 差 & = \quad 2\beta \end{array}$$

結合エネルギー

図3

concept 24 水素結合

OH 結合は酸素と水素原子の電気陰性度の違いにより，酸素がマイナス，水素がプラスに荷電する．この両電荷の間のクーロン力に基づく引力を水素結合という．水素結合は分子間力の一種である．

Key word 分子間引力，結合分極，会合，沸点

水素結合

　図は水の構造である．水素と酸素の電気陰性度はそれぞれ 2.2 と 3.4 である．酸素のほうが大きい．これは酸素が水素より電子を引きつける度合いが大きいことを意味する．この結果，水素は部分的にプラスに荷電し，反対に酸素は部分的にマイナスに荷電する．このような現象を結合分極という．

　プラスの水素とマイナスの酸素の間にはクーロン力が働く．これが水素結合である．

氷の水素結合

　氷は水の結晶である．氷の中ではすべての水分子が水素結合している．その結果，3 次元的な整然としたネットワークが生成する．そのようすをステレオ図で示した．

column 水素結合と沸点

　沸点とは液体が気体になる温度である．分子が液体という密な状態から，ほかの分子とのしがらみを断ち切って自由の空間へはばたく温度である．軽い分子は飛び立ちやすいが，重い分子はすべてに鈍重である．

　図は有機分子の沸点を分子量との関係で表したものである．両者の間にはよい直線関係がある．ところが，この図に水とメチルアルコールを入れるとおよそ直線とはかけ離れた位置にきてしまう．この図から水の分子量を求めると約 100 となる．これはどうしたことだろう．

　水は水素結合によって何分子もが結合していたのだ．これを会合という．5 分子が集団として動けば集団の分子量は約 100 になるわけである．メチルアルコールも OH 結合を持っているため，会合を起こしたのである．

水素結合

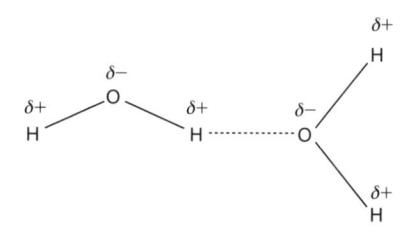

$\delta+$ H — O($\delta-$) — H($\delta+$) ⋯ O($\delta-$) — H($\delta+$)
　　　　　　　　　　　　　　　　　　　＼H($\delta+$)

氷の水素結合

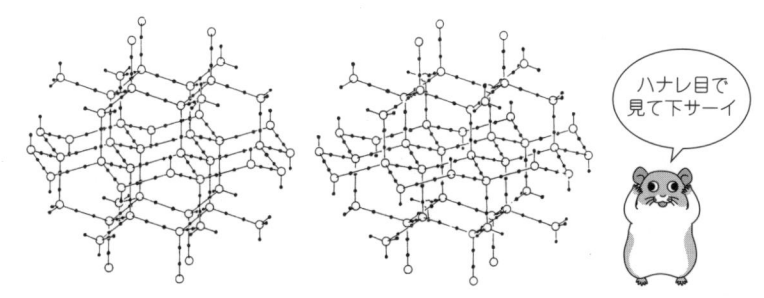

「ハナレ目で見て下サーイ」

［笹田義夫，大橋裕二，斎藤喜彦編，結晶の分子科学入門，p.100，図3.19，講談社（1989）］

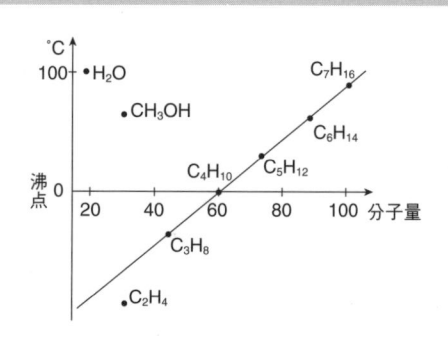

グラフ：横軸 分子量、縦軸 沸点（℃）
・H_2O（約100℃, 分子量18）
・CH_3OH
・C_2H_4
・C_3H_8
・C_4H_{10}
・C_5H_{12}
・C_6H_{14}
・C_7H_{16}

24◆水素結合

concept 25 ファンデルワールス力

ファンデルワールス力は分子間力の一種である．ファンデルワールス力には大きく分けて2種類ある．一種は，極性分子間のプラス部分とマイナス部分に働くクーロン力である．もう一種は中性な分子間に働くもので，分散力といわれる．

Key word ｜ゆらぎ，分散力

中性分子間の引力

　ベンゼンは電荷のない分子である．ベンゼンの液体をテーブルの上にこぼすと，水と同じように液滴となって盛り上がる．ベンゼン分子にも重力は働く．なぜ一層に広がらないのか．これはベンゼン分子が，いわば互いにスクラムを組んでいるからである．すなわち，ベンゼン分子の間にも引力があるのだ．

　ベンゼンは，6個の炭素原子でできた環が主体である．これは6個の炭素原子核が環を作り，その環を電子雲が取り巻いているものとも考えることができる．

　すなわち**分子はプラスに荷電した原子核からできたプラスの環と，マイナスに荷電した電子雲からできたマイナスの環の二重構造である**と考えられる．

ゆらぎ

　電子雲は質量も少なく，まさしく雲のように原子核環の周りを漂っている．時には，原子核環からちょっと離れてしまうこともある．**これを電子雲の"ゆらぎ"という**．電子雲の環がゆらいだらどうなるか．プラスの中心とマイナスの中心がずれたことになる．分子にプラスの部分とマイナスの部分が生じる．するとどうなる．隣のベンゼンの電子雲はプラスの部分に引かれて近づく．すなわち，隣のベンゼンにもプラスマイナスが生じる．

分散力

　プラス部分とマイナス部分を持った分子が集まればクーロン力が生じる．すなわち両分子の間に引力が生じる．このように，**瞬間瞬間に生じた一過性の電荷間のクーロン引力，これを分散力という**．分散力は中性分子の間に働くファンデルワールス力の本質である．

ベンゼン

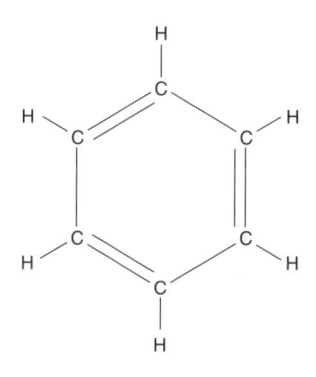

電子雲のゆらぎ

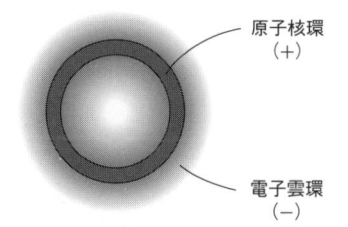

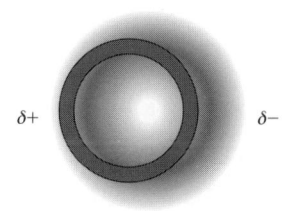

原子核環 (＋)

電子雲環 (−)

$\delta+$　$\delta-$

分散力

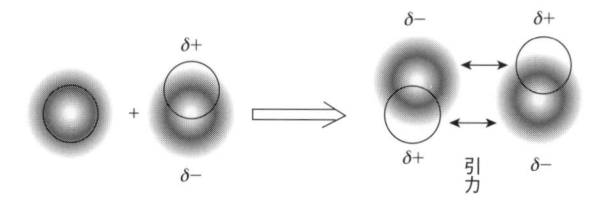

$\delta+$
$\delta-$

$\delta-$　$\delta+$
$\delta+$　$\delta-$
引力

concept 26 結合エネルギー

原子と原子を結合するエネルギーを結合エネルギーあるいは結合解離エネルギーと呼ぶ.

Key word 結合解離エネルギー

結合の種類

結合エネルギーは結合の種類によって異なる. 図1に各種の結合の結合エネルギーの変化範囲を矢印で示し, 代表的な結合の結合エネルギーを数値で示した.

ファンデルワールス力は数 kJ/mol にすぎず, 水素結合も 30 kJ/mol 止まりである. それに対してイオン結合は 300 から 600 kJ/mol と大きな値になっている. 共有結合エネルギーの特徴はその範囲の広さである. Li–Li 結合の 99 kJ/mol から N≡N 結合の 946 kJ/mol と広範囲にわたっている.

原子の種類

イオン結合エネルギーを Na で比較すると, 相手が F, Cl, Br, I と周期表で下にいくほど結合エネルギーが小さくなっている. これは結合する原子の間の電気陰性度の差 ($\Delta\chi$) が影響しているのである. **電気陰性度の差が大きいほど両原子間の間での電子の受け渡しの度合いが増え, 強固なイオン結合になる**ものと思われる. 図2Aに$\Delta\chi$と結合エネルギーの関係をグラフで示したが, 両者の間に良好な直線関係があることがわかる.

共有結合エネルギーは結合の多重性によって大きく変わる. C–C 結合に対して, 結合エネルギーと多重性の間の関係をグラフに示した. ここでも良好な直線関係が認められる.

エネルギー量

1 g の水の温度を 1℃上昇させるのに必要なエネルギーは 1 cal である. 1 cal = 4.2 J であるから 1 g の水を 1℃上昇させるには 4.2 J 必要である. 1 L の水を 1℃上げるには 4.2 kJ が必要となる. O–H 結エネルギーは 463 kJ/mol である. これは 18 g (1 mol) の水の O–H 結合を切断するエネルギーは 1 L の水の温度を 0℃から 110.2℃に上げるエネルギーに等しいことになる.

結合エネルギー

図1

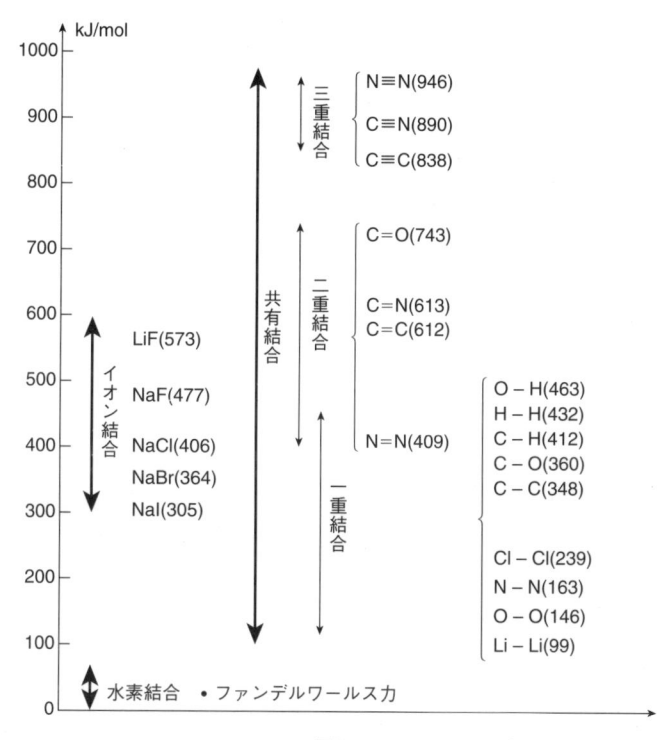

kJ/mol

- 三重結合: N≡N(946), C≡N(890), C≡C(838)
- 二重結合: C=O(743), C=N(613), C=C(612)
- 一重結合: N=N(409), O−H(463), H−H(432), C−H(412), C−O(360), C−C(348), Cl−Cl(239), N−N(163), O−O(146), Li−Li(99)
- イオン結合: LiF(573), NaF(477), NaCl(406), NaBr(364), NaI(305)
- 共有結合（全体）
- 水素結合、ファンデルワールス力

結合エネルギーの変化

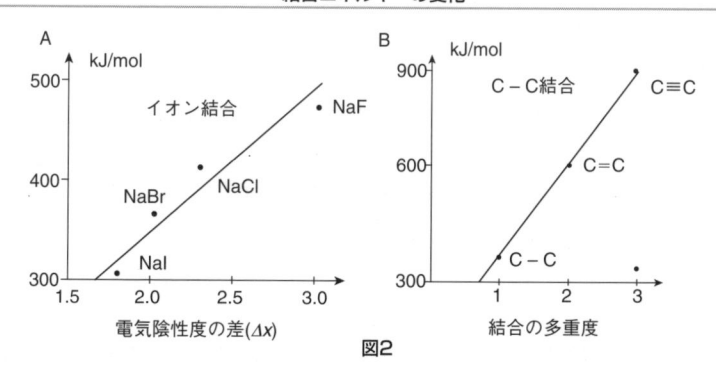

図2

A: 電気陰性度の差(Δx) に対する結合エネルギー（kJ/mol）
- イオン結合: NaI, NaBr, NaCl, NaF

B: 結合の多重度 に対する結合エネルギー（kJ/mol）
- C−C結合: C−C, C=C, C≡C

26◆結合エネルギー

5章 分子

concept 27 混成軌道

s 軌道, p 軌道などの軌道を混ぜて作った新しい軌道を混成軌道という.

Key word: sp 混成軌道, sp² 混成軌道, sp³ 混成軌道

軌道混成

　粘土細工を思い出してみよう. 赤い粘土 1 個と白い粘土 3 個を用意し, 赤粘土は丸いボールにし, 白粘土は 3 本の棒にした. 言うまでもなく s 軌道と p 軌道である. 別の作品を作りたくなった. ただし, 1 個の作品に要する粘土の量を変えてはいけない. ボールと 1 本の棒とをまとめてこね直し, 改めて 2 等分して, 2 本のピンクのバットに作り直した. **このバットが混成軌道である**.

　気をつけてほしいのは, 全作品の個数は相変わらず 4 個であることである. 2 本の白棒はそのまま残っている. そしてバットにはボールの赤粘土と棒の白粘土が混じっていることである.

sp 混成軌道

　1 本の s 軌道と 1 本の p 軌道を混成すると 2 本の混成軌道ができる. これを sp 混成軌道という. 2 本の混成軌道はまったく同じ形であり, 一方向に大きく張り出した形である. 方向は, 原子核を挟んでお互いに逆向き (180 度) になる.

sp² 混成軌道

　1 本の s 軌道と 2 本の p 軌道からできた混成軌道を sp² 混成軌道といい 3 本ある. sp² の 2 は 2 本の p 軌道が混成していることを示す. 混成軌道の形は sp 混成軌道とほぼ同じである. 3 本の混成軌道は同一平面上に存在し, 原子核を中心として互いに 120 度の角度で交わっている.

sp³ 混成軌道

　1 本の s 軌道と 3 本の p 軌道からできた混成軌道を sp³ 混成軌道といい全部で 4 本ある. 各々の形は sp 混成軌道とほぼ同じである. 4 本の混成軌道の角度は 109.5 度である. これは正四面体の中心角である.

軌道混成

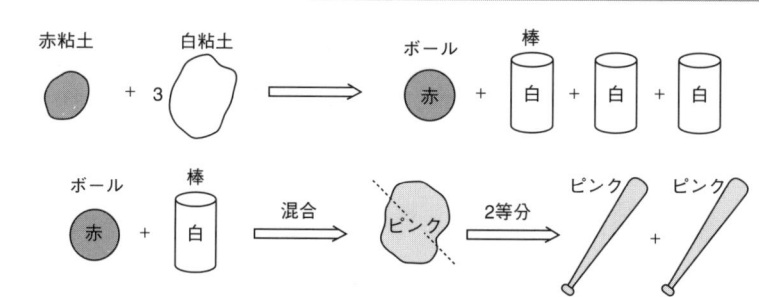

赤粘土 + 3 白粘土 ⟹ ボール 赤 + 棒 白 + 白 + 白

ボール 赤 + 棒 白 →混合→ ピンク →2等分→ ピンク + ピンク
バット

sp混成

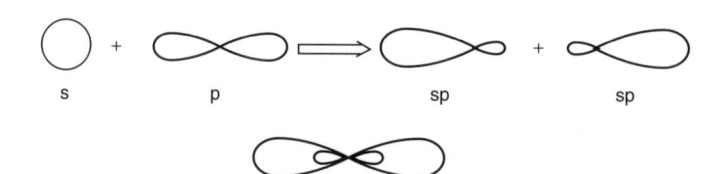

s + p ⟹ sp + sp

sp² 混成

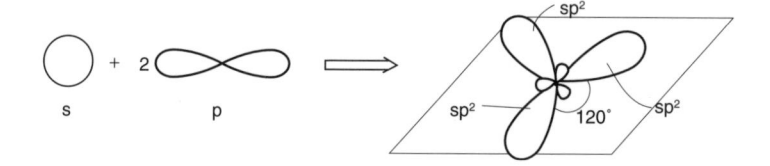

s + 2 p ⟹ sp², sp², sp² (120°)

sp³ 混成

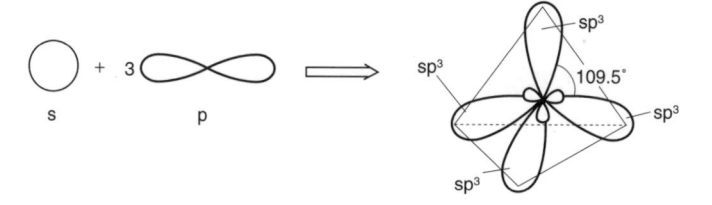

s + 3 p ⟹ sp³, sp³, sp³, sp³ (109.5°)

27◆混成軌道

concept 28 — σ(シグマ)結合とπ(パイ)結合

結合軸に沿って結合電子雲が存在し，回転によって影響を受けない結合を σ 結合という．結合電子雲が結合軸の上下に分かれて存在し，回転すると切断される結合を π 結合という．

Key word 結合軸，回転，二重結合，三重結合

s−s 間の σ結合

図は，水素原子が結合して水素分子を作るときの模式図である．2 本の 1s 軌道が重なり，H−H 共有結合ができる．結合電子雲は，2 個の水素原子を結んだ結合軸に沿って紡錘状に存在する．

今，左側の水素原子を固定し，右側の水素原子を 90 度ねじったとしよう．結合電子雲には何の変化もない．これは結合が回転によって影響を受けないことを意味する．このように，**結合電子雲が結合軸上に存在し，回転によって影響されない結合を σ 結合という**．

p−p 間の σ結合

p 軌道の結合を考えてみよう．2 本の p 軌道が接近するとき，接近のしかたには 2 通り考えられる．一つは，みたらし団子型の p 軌道が，それぞれのくしで互いに刺し合うような接近のしかたであり，もう片方は，2 本のみたらし団子が横腹をくっつけるような接近である．**互いに刺し合う形の接近法からできる結合が σ 結合である**．この結合も，**結合電子雲は結合軸に沿って存在し，回転可能である**．

π結合

2 本の p 軌道が横腹を接するようにして作る結合を**π結合**という．結合電子雲は結合軸を挟んでその上下に存在する．この上下二箇所の電子雲を併せて 1 本のπ結合である．上で半本，下で半本，併せて 1 本というものでもない．上下そろって初めてπ結合である．

横腹を接してくっついているみたらし団子の片方を分子軸の周りに 90 度回転させたらどうなるだろう．2 本のみたらしは離れてしまう．すなわち π 結合は切断されることになる．これは**π結合は回転できない**ことを意味する．

s−s間 σ結合

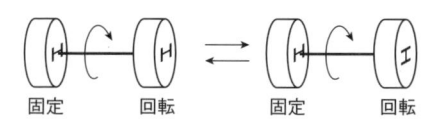

H + H → H—H
σ結合電子雲
結合軸

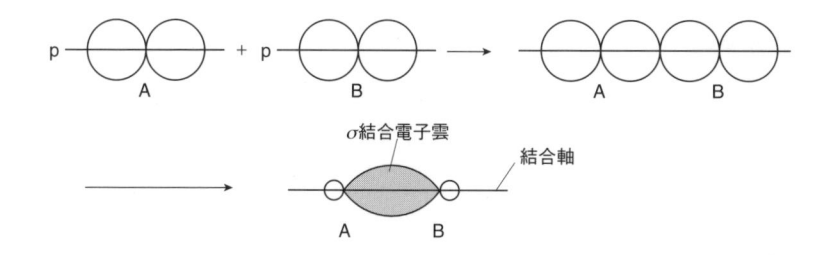

固定 — 回転 ⇌ 固定 — 回転

p−p間 σ結合

p A + p B → A B

→ σ結合電子雲 / 結合軸
A B

π結合

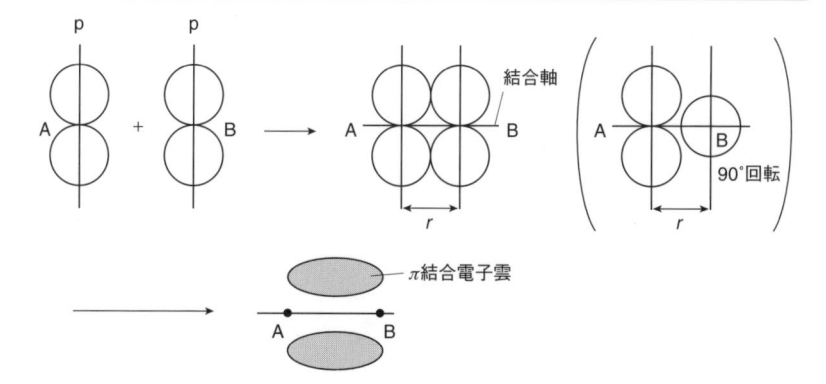

p A + p B → A B 結合軸 (A B 90°回転)
r r

→ π結合電子雲
A B

concept 29 — 一重結合（単結合）

σ結合だけからできた結合を一重結合（単結合）という．単結合を含む典型的な化合物にメタンがある．

Key word sp³混成，メタン，正四面体，メタンハイドレート

sp³混成状態

メタンを構成する炭素原子は sp³ 混成状態である．炭素の電子配置を，元の原子価状態と sp³ 混成状態とで比較して示した．混成状態では 4 本の混成軌道にそれぞれ 1 個ずつの電子が入っている．なお，**混成軌道のエネルギーは混成の原料となった s 軌道と p 軌道の重み付き平均となっている**．

結合状態

炭素原子の混成軌道に入っている電子を黒丸で表す．ここに水素原子の 1s 軌道を重ねると結合が生じる．水素の電子を白丸で表すと，結合電子雲は炭素の黒丸電子と水素の白丸電子からできていることがわかる．2 個の原子が電子を出し合って，互いにそれを共有する結合であるから，この結合は共有結合である．また，結合電子雲は C−H 結合軸に沿って存在することから，σ結合である．このように，σ結合だけでできた結合を一重結合（単結合）という．

メタンの形

原子核を結んだ直線で表される形態を，分子の形ということがある．メタン分子の形は炭素から正四面体の頂点方向に放射状に突きだした 4 本の C−H 結合からできているから，海岸に置いてあるテトラポッド型と考えられる．また，もっとおおまかに見れば，各水素原子を結んで正四面体型とも考えられる．

> **column　メタンハイドレート**
>
> メタンは天然有機化合物が分解するときに発生する気体であり，天然ガスの一成分でもある．メタンハイドレートは，数十個の水分子が水素結合でつながってカゴ状のものを作り，その中にメタン分子が入ったものである．海底に大量に存在することがわかり，将来のエネルギー源として活用が検討されている．

sp³混成状態

C 原子価状態
- 2p ↑ ↑ ○
- 2s ↑↓
- 1s ↑↓

→ sp³混成 →

C sp³混成状態
- sp³ ↑ ↑ ↑ ↑
- 1s ↑↓

結合状態

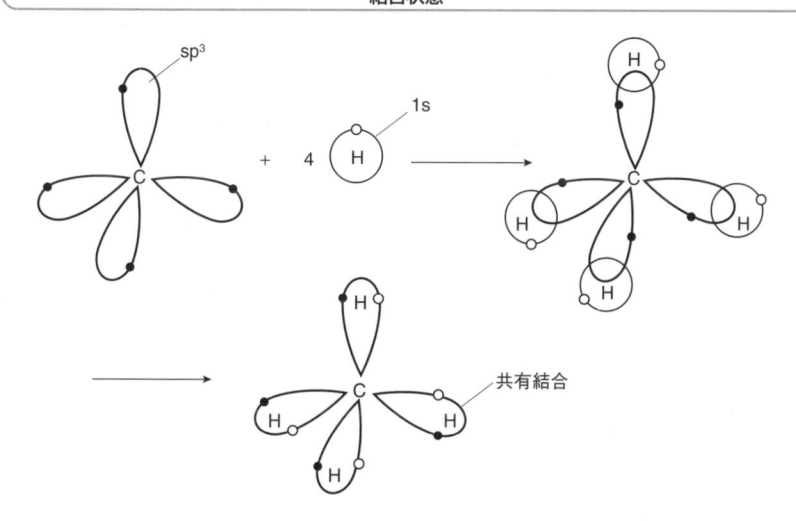

sp³

C + 4 H (1s) →

H-C(H)(H)(H) 共有結合

メタンの形

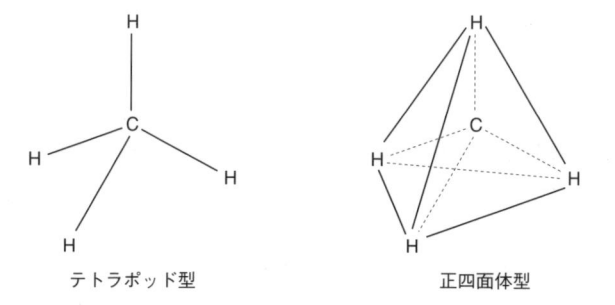

テトラポッド型

正四面体型

059　29◆一重結合（単結合）

concept 30 — 配位結合

2 個の原子が結合するとき，結合電子雲を構成する 2 個の電子を，片方の原子だけが供与する結合を配位結合という．

Key word アンモニア，アンモニウムイオン，非共有電子対，空軌道

アンモニアの結合

　アンモニアを構成する窒素原子は sp^3 混成状態である．4 本の混成軌道に 5 個の L 殻電子が入るので，1 本の軌道には 2 個の電子がスピンを逆平行にして入る．この対になった電子を非共有電子対と呼ぶ．
　非共有電子対は共有結合を作れないので，窒素原子は 3 個の水素と共有結合することになる．これがアンモニアの結合状態である．窒素の電子を黒丸，水素の電子を白丸で示した．アンモニア分子の形は三角錐ということになる．

アンモニウムイオンの結合

　アンモニアに水素陽イオンが結合したものがアンモニウムイオンである．水素陽イオンとは，1s 軌道が空の状態の水素である．この 1s 空軌道を，アンモニア窒素の非共有電子対軌道に重ねると，2 電子からなる結合電子雲ができる．すなわち，4 本目の N–H 結合が生成したことになる．この分子の形はメタンと同じく，正四面体型である．

配位結合

　4 本目の N–H 結合の結合電子雲を形成する電子は，2 個とも黒丸である．これはほかの 3 本の N–H 共有結合の電子とは明らかに異なる．2 個の結合電子はすべて窒素が出している．水素は何も出してはいない．
　このように，**片方の原子だけが 2 個の電子をすべて出して結合する結合を配位結合という**．すなわち，アンモニウムイオンの 3 本の N–H 結合は共有結合であるが，1 本は配位結合ということになる．しかし，電子に違いがあるはずはないので，電子に付けた白黒を取り去ると 4 本の C–H 結合はすべて等しいことになる．共有結合と配位結合の違いはできる過程での違いということになる．

アンモニアの結合

N 原子価状態 → N sp³混成状態

2p ↑ ↑ ↑
2s ↑↓
1s ↑↓

sp³ ↑↓ ↑ ↑ ↑
1s ↑↓

非共有電子対

非共有電子対 + 3 H ⇒ ≡ 三角錐

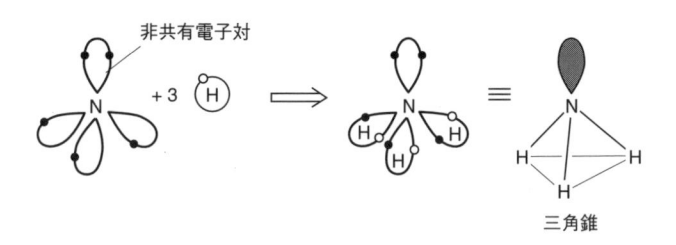

アンモニウムイオンの結合

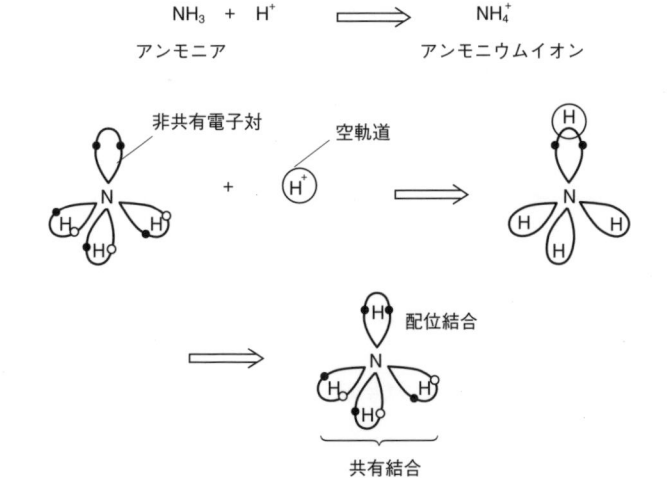

NH_3 + H^+ ⟹ NH_4^+
アンモニア　　　　　　　アンモニウムイオン

非共有電子対 + 空軌道 H^+ ⟹

⟹ 配位結合
共有結合

30◆配位結合

concept 31 非共有電子対

結合に使われていない 1 本の軌道に 2 個の電子が入っているとき、この電子を非共有電子対という。アンモニアには 1 組、水には 2 組の非共有電子対がある。

Key word　sp^3 混成，ヒドロニウムイオン，水素結合

水の結合状態

酸素は sp^3 混成状態である。電子配置を図に示した。6 個の L 殻電子を 4 本の混成軌道に収容するため、2 組の非共有電子対ができる。

酸素の非共有電子対の入っている 2 本の混成軌道を除いて、残り 2 本の混成軌道と水素の 1s 軌道の間で σ 結合が形成される。この結果、角 HOH は基本的に 109.5 度ということになる（実測値は 104.5 度）。

非共有電子対

水の化学的性質に大きく影響しているのは酸素原子上の 2 組の非共有電子対である。**2 本の O-H 結合と 2 組の非共有電子対とはともに正四面体の頂点方向に突きだしている。**

水に水素陽イオンが結合したイオン、ヒドロニウムイオンの結合はコンセプト 30 のアンモニウムイオンの配位結合と同じである。水の非共有電子対の 1 組に、水素陽イオンの 1s 空軌道が重なることによって生成する。

column　水素結合

コンセプト 24 では水素結合をプラスに荷電した水素とマイナスに荷電した酸素との間のクーロン力で説明した。しかし、水が関与する水素結合はもうちょっと構造的な側面がある。

プラス側は確かに水素原子であるが、マイナス側がちょっと違う。正確には酸素原子上の非共有電子対がマイナス側になる。このため、酸素原子は異なる 2 方向に対してマイナス側として働けることになり、その間の角度は 109.5 度となる。コンセプト 24 の氷の水素結合の図をもう一度見ていただきたい。すべての角度は 109.5 度となっている。これは非共有電子対のせいである。

混成状態

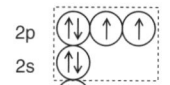

O 原子価状態 → O sp³混成状態

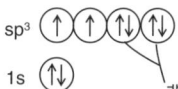

2p ↑↓ ↑ ↑
2s ↑↓
1s ↑↓

sp³ ↑ ↑ ↑↓ ↑↓ ― 非共有電子対
1s ↑↓

結合状態

非共有電子対 + 2 H ⟹ 109.5°

ヒドロニウムイオン

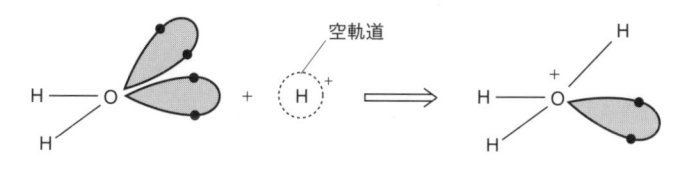

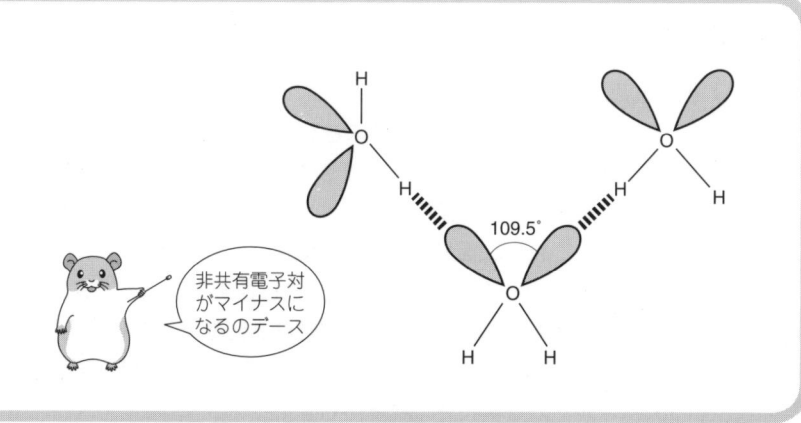

H–O + H⁺(空軌道) ⟹ H–O⁺–H / H

非共有電子対がマイナスになるのデース

109.5°

concept 32 — 二重結合

σ結合とπ結合で二重に結合した結合を二重結合という．二重結合を含む典型的な化合物にエチレンがある．

Key word｜sp² 混成，エチレン，σ骨格

sp² 混成

エチレンを構成する炭素原子は sp^2 混成状態である．sp^2 混成状態とは 1 本の s 軌道と 2 本の p 軌道（p_x, p_y 軌道）からできた混成状態である．その電子配置を図に示した．**たいせつなのは混成に関係しなかった p_z 軌道にも電子が入っていることである．** このため，エチレンの結合には混成軌道と p 軌道の 2 種類の軌道が関与することになる．

σ骨格

まず，sp^2 混成軌道の関与する結合だけを取り出して考えてみよう．2 個の炭素に所属する計 6 本の混成軌道を平面上に並べる．そのうち 1 本ずつを使って C–C 結合を作り，残り 4 本の混成軌道に水素原子を結合させるとエチレンの基本骨格ができる．その結果，6 個の原子はすべて同一平面上に並び，結合角度はすべて 120 度となる．

このように σ結合部分だけを取り出した構造を特に σ骨格ということがある．

π結合

図は σ結合を簡略化して直線で表した図である．そこに，p_z 軌道を書き加えてある．この 2 本の p_z 軌道の関係はまさしくコンセプト 28 で明らかにしたπ結合そのものである．すなわち，エチレンの C–C 結合は σ結合で結ばれたうえ，さらにπ結合でも結ばれていることになる．**σ結合と π結合とで二重に結合している，これが二重結合の意味である．**

コンセプト 28 で明らかにしたように，σ結合は回転できるが，π結合は回転できなかった．このため，π結合を含む二重結合も回転できないことになる．

なお，π結合は一般に細身に描いた 2 本の p 軌道を直線で結んで表すことが多い．そのような書き方を図に示しておいた．

sp²混成

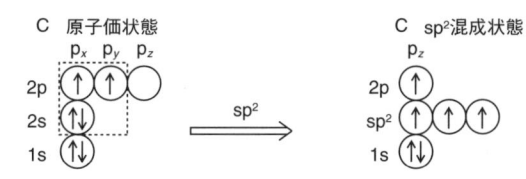

C 原子価状態 → sp² → C sp²混成状態

σ骨格

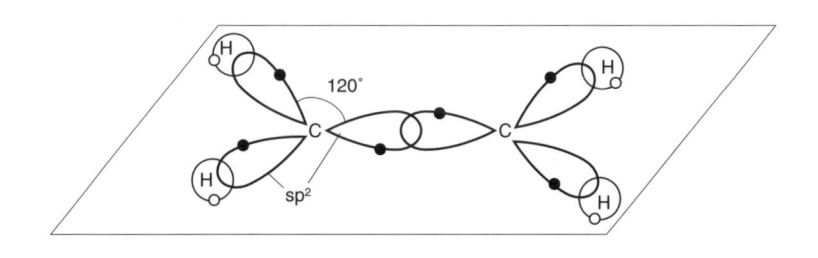

120°, sp²

π結合

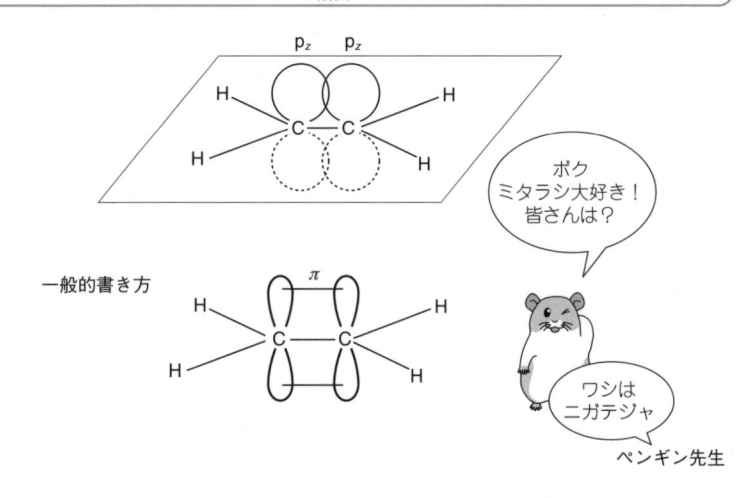

p_z p_z

一般的書き方 π

ボクミタラシ大好き！皆さんは？

ワシはニガテジャ

ペンギン先生

32◆二重結合

concept 33 — 共役化合物

一重結合と二重結合が交互に並んだ化合物を共役化合物という．共役化合物の π 結合は一重結合部分を含めて，分子全体に広がった非局在 π 結合となる．

Key word ブタジエン，ベンゼン，非局在 π 結合，局在 π 結合

ブタジエン

ブタジエンのように，一重結合と二重結合が連続した構造を共役二重結合という．ブタジエンの 4 個の炭素はいずれも sp^2 混成である．したがって図に示したように，4 個の炭素原子上にはそれぞれ 1 本ずつの p 軌道が存在する．4 本の p 軌道がまるで 4 本のみたらし団子のように並んでいる．

非局在 π 結合

ブタジエンでは，この団子群はすべて横腹をくっつけて接合することになる．これは C_1-C_2，C_2-C_3，C_3-C_4 いずれの間にも π 結合が存在することを示す．

図 1 の構造式 A は，上に見たブタジエンの構造である．C_2-C_3 間は一重結合であり，π 結合を正確に表現していない．構造式 B は今明らかになった π 結合をすべて忠実に書き込んだ図である．しかし，ここでは C_2 と C_3 の結合手の数がおかしい．いずれも両隣の炭素と二重結合しているから 4 本，それに水素と結合しているから 1 本，合計 5 本！である．すなわち，構造式 A も B もブタジエンの真の構造を表現していないことになる．

このような事情にもかかわらず，構造式は図 1A で表すことが多い．しかし，この構造式を見たら，共役二重結合の存在に直ちに気づかなければならない．

このように，分子全体に広がった π 結合を非局在 π 結合という．それに対して，エチレンのように，2 個の炭素間のみに存在するものを局在 π 結合という．

ベンゼン

共役化合物の代表的なものとしてベンゼンがあげられる．ベンゼンは 6 個の sp^2 混成炭素が環を作り，6 個の水素原子と σ 結合したものである．各炭素上には p 軌道が存在し，この 6 本の p 軌道が環状の非局在 π 結合を形成する．この場合にも，構造式には一重結合と二重結合を交互に書いて表すことが多い．

共役二重結合

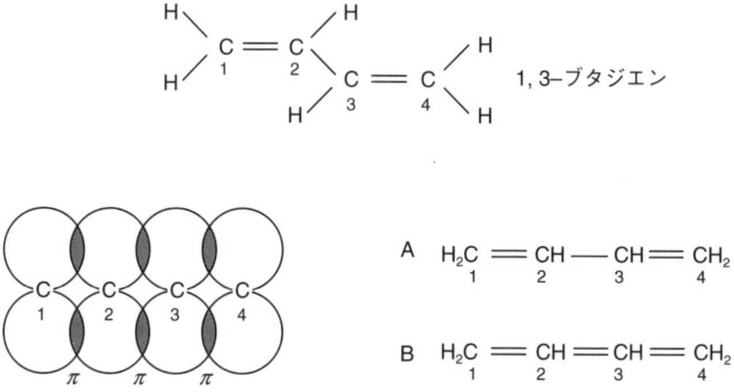

1,3-ブタジエン

A $H_2C{=}CH{-}CH{=}CH_2$
     1   2   3   4

B $H_2C{=}CH{-}CH{=}CH_2$
     1   2   3   4

図1

非局在π結合

非局在π結合　ブタジエン

局在π結合　エチレン

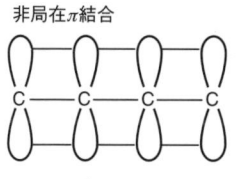

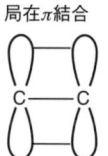

図2

ベンゼン

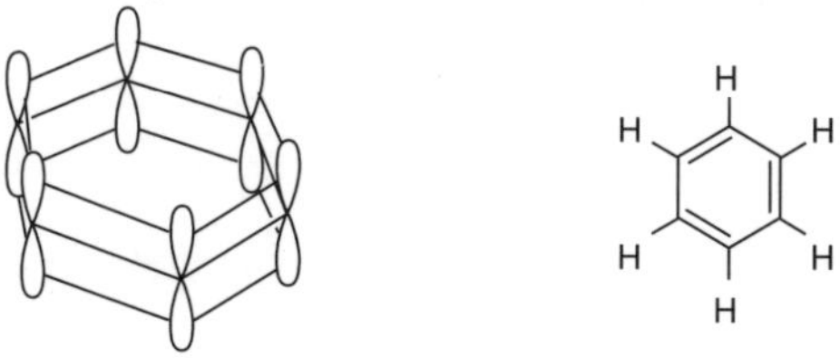

図3

concept 34 — 非局在 π 結合

構造式で，一重結合と二重結合が交互に連なる部分に存在する π 結合を非局在 π 結合という．非局在 π 結合の π 電子雲は分子全体に広がるため，構造式の一重結合部分は二重結合性を帯び，二重結合部分は一重結合性を帯びる．

Key word　局在 π 結合，結合強度，結合次数

π 結合と p 軌道

π 結合は p 軌道から構成されるが，1 本の π 結合形成に使われる p 軌道の本数は化合物によって異なる．図に，エチレン，ブタジエン，ベンゼンの π 結合部分を示した．

エチレンには 1 本の π 結合が存在し，その結合は 2 本の p 軌道によって構成される．ブタジエンには 3 箇所で 3 本の π 結合が存在する．その結合は 4 本の p 軌道から構成される．ベンゼンには 6 箇所で 6 本の π 結合が存在する．その結合は 6 本の p 軌道で構成される．

π 結合強度

表は前項の結果をまとめたものである．エチレンの π 結合 1 本は 2 本の p 軌道から構成される．

ブタジエンでは 4 本の p 軌道で 3 本の π 結合が構成される．すなわち，1 本の π 結合に使われる p 軌道は 4/3 本である．明らかに，エチレンの π 結合より少ない．**これは橋の工事で例えれば，コンクリートの少ない手抜き工事である．強度はエチレンに比べて 2/3 である．**

ベンゼンに至っては 1 本の π 結合に使われる p 軌道は 1 本にすぎない．エチレンの半分である．強度は 1/2 である．

結合次数

図はブタジエンの各結合上に存在する π 結合の実勢本数を，エチレンを 1 として表したものである．各結合上に存在する π 結合は 2/3 本である．このとき，この 2/3 を π 結合次数という．エチレンの π 結合次数は 1 である．

したがって，ブタジエンの各結合は，π 結合の 2/3 本と σ 結合の 1 本を足して，各 5/3 重結合ということになる．

π結合とp軌道

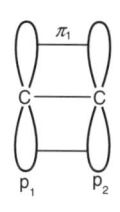

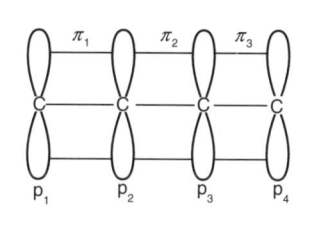

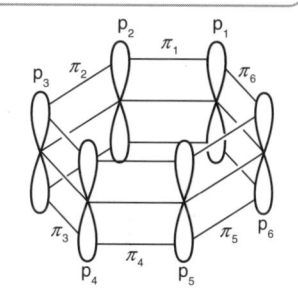

π結合強度

	pの本数	πの本数	π1本当りのpの本数	π結合の相対強度
エチレン	2	1	2	1
ブタジエン	4	3	4/3	2/3
ベンゼン	6	6	1	1/2

結合次数

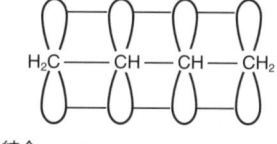

$H_2C － CH － CH － CH_2$

π結合	2/3	2/3	2/3
σ結合	1	1	1
何重結合	5/3	5/3	5/3

5/3重結合？

よく理解できないハム君

34◆非局在π結合

concept 35 三重結合

1本のσ結合と2本のπ結合からなる結合を三重結合という．三重結合を含む典型的な化合物にアセチレンがある．

Key word　sp 混成，アセチレン

sp 混成

アセチレンを構成する炭素は sp 混成状態である．1本の s 軌道と p_x 軌道とが混成し，そのほかの 2 本の p 軌道，p_y と p_z 軌道は混成に関与しない．その電子配置は図 1 に示したとおり，2 本の混成軌道と 2 本の p 軌道に 1 個ずつの電子が入る．

σ 骨格

2 個の sp 混成炭素は，各々 1 本ずつの混成軌道で C–C σ 結合を作り，残りの各 1 本の混成軌道で C–H σ 結合を作る．この結果，アセチレンの **H–C–C–H の σ 骨格は，おはしか竹ざおのような直線状となる**．

π 結合

図 3 は直線で表した σ 骨格に p 軌道を書き加えたものである．各炭素原子上には p_y，p_z の 2 本の軌道があるので，各々を直交座標に沿うように書いてある．

この図から明らかなように，2 個の炭素の p_y 軌道どうし，p_z 軌道どうしが平行になる．これは p_y 軌道は p_y 軌道と π 結合を作り，p_z 軌道は p_z 軌道と π 結合を作ることを意味する．この結果，**アセチレンには互いに 90 度ねじれた 2 本の π 結合が存在する**ことになる．このようにアセチレンの C–C 結合は 1 本の σ 結合と 2 本の π 結合とで三重に結合していることになる．このため，三重結合と呼ばれる．

しかし，実際には 2 本の π 結合電子雲は互いに流れより，ついに融合して円筒状の電子雲になっているものと考えられる．ちょうどおはしを HCCH の σ 骨格とすると，π 電子雲はおはしで刺した竹輪のような案配であろうか．

アセチレンは燃えるときに高温を出し，酸素との等容混合物（酸素アセチレン炎）は 3000 ℃以上に達するので，鉄の溶接などに使われる．

sp混成

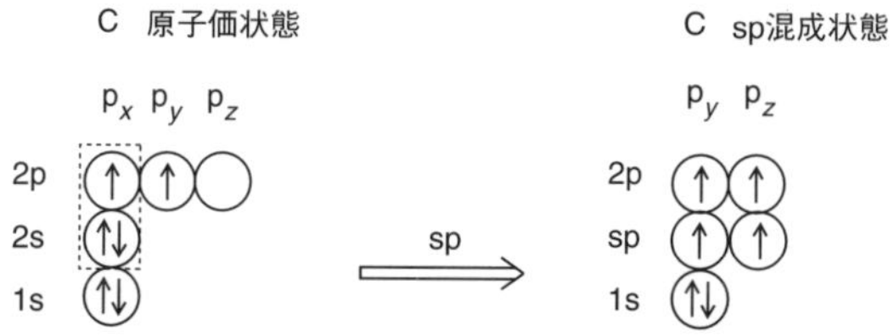

C 原子価状態

p_x p_y p_z
2p [↑] ↑ ○
2s ↑↓
1s ↑↓

$\xrightarrow{sp}$

C sp混成状態

p_y p_z
2p ↑ ↑
sp ↑ ↑
1s ↑↓

図1

σ骨格

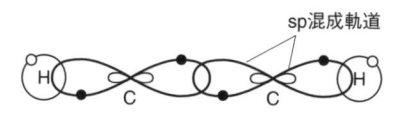

sp混成軌道

H—C—C—H

図2

π結合

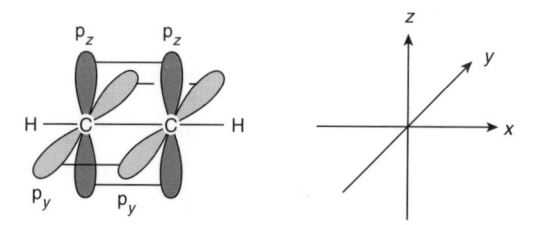

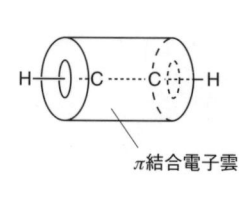

p_z p_z
H—C—C—H
p_y p_y

H—C⋯C—H

π結合電子雲

図3

ボクチクワも大好き！

column 原子スケールの絵

　写真は 20 世紀を代表する物理学者アインシュタインが，72 歳の誕生日を迎えて，舌を出しておどけた似顔絵である．

　問題は絵の大きさである．一辺が 100 nm = 1000 Å である．原子の直径が数 Å であるから，四辺の長さは原子数百個分にすぎない．この絵はセレン化銀（Ag_2Se）結晶の表面に，走査型トンネル顕微鏡を用いてエッチングされたものである．エッチングとは金属表面に溝を掘って絵を描く一種の版画技法である．すなわち，この絵はセレン化銀の結晶表面に，原子数個分の幅と深さで溝を掘って描かれたのである．

　もっと簡単に言えば，今や人類は原子を数個単位で任意に動かすことができるようになったのである．ピンセットで豆を動かすように原子を動かせるのである．原子，分子を数個単位で自由に動かす技術，アトムテクノロジーは電子 1 個の動きを制御する究極の電子素子の開発へ向けて，今や一挙に動き出そうとしている．

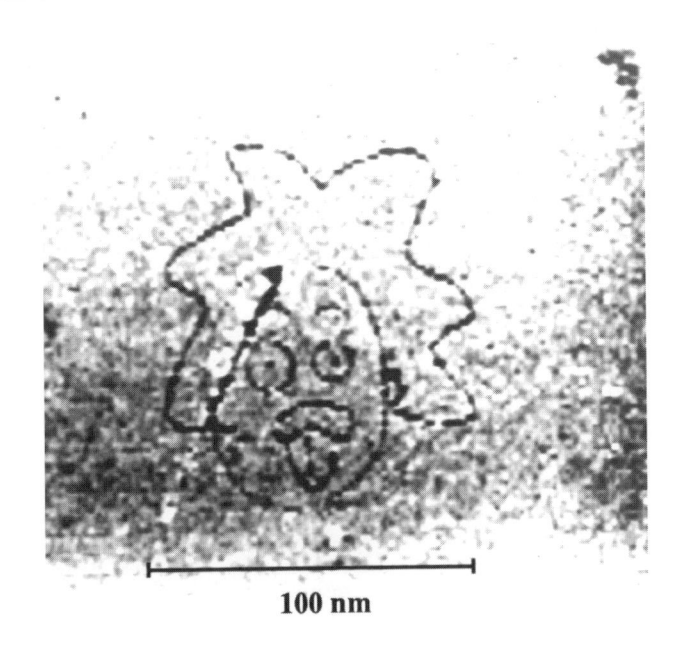

[宇津木 靖（青森大学）氏提供]

II 物理化学

6章 状態

concept 36 融解

結晶が融けて液体となることを融解という．融解する温度を融点という．結晶が融解すると液体になるが，その中間に液晶，柔軟性結晶を通るものもある．

Key word 融点，結晶，液晶，柔軟性結晶，液体

結晶と液体

結晶とは，分子もしくは原子が3次元に整然と整列した状態である．分子からできた結晶を分子結晶という．結晶中ではこの分子が表のように配列する．まず，**位置が整然としている．これを位置の規則性があるという．次に全分子が一定の方向を向いている．これを配向の規則性があるという．**

それに対して液体では，分子は勝手にテンデンバラバラの位置を占め，方向も勝手気ままである．位置にも配向にも方向性がないのが液体状態である．

液晶

液晶モニターなどで知られる液晶は，結晶と液体の中間の状態である．その性質を表に示した．

液晶とは位置の規則性のみが失われ，配向の規則性は残っている状態である．反対の状態，すなわち配向の規則性はないが位置の規則性は残っている状態は柔軟性結晶と呼ばれる．四塩化炭素やシクロヘキサンが柔軟性結晶になる．液晶には各種のものが知られているが，図にネマチック液晶とスメクチック液晶の配列を示した．前者は典型的な液晶状態であるが，後者では分子配列が層構造となっており，位置の規則性が一部残っている状態である．

融点

結晶が融解する温度，あるいは液体が凝固して結晶になる温度を融点（凝固点）(melting point, mp) という．しかし液晶状態をとる結晶を加熱して融点に達すると，液体ではなく半透明の液晶状態となる．**融点は位置の規則性を喪失する温度である．**さらに加熱して透明点に達すると配向の規則性も失われ，**初めて透明な液体となる．**液晶状態は，この融点と透明点の間の温度範囲で観測される性質である．

結晶と液体

状態		結晶	柔軟性結晶	液晶	液体
規則性	位置	○	○	×	×
	配向	○	×	○	×
	配列模式図		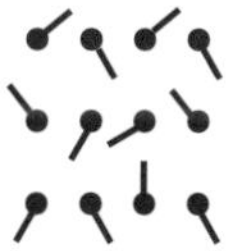		

［齋藤勝裕，目で見る機能性有機化学，p.91, 図2, 講談社(2002)］

液晶

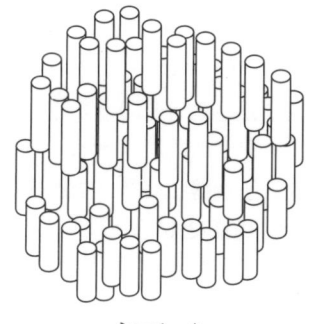

ネマチック 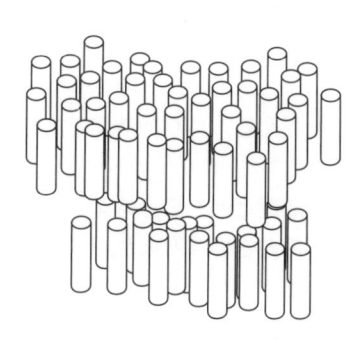   スメクチック

［齋藤勝裕，目で見る機能性有機化学，p.93, 図4, 講談社(2002)］

融点

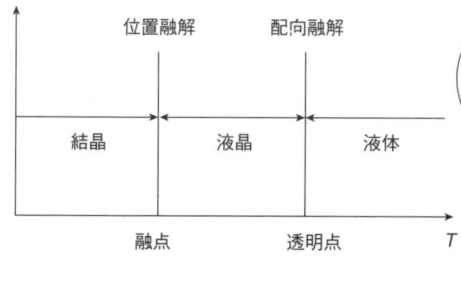

位置融解　配向融解

結晶　液晶　液体

融点　透明点　T

ボクのパソコン液晶ディスプレイでーす
ペンギン先生のはブラウン管デース

シーッ！！

ペンギン先生

36◆融解

concept 37 蒸発

液体が気体に変わることを蒸発という．反対に気体が液体に変化する現象は凝縮といわれる．蒸発した分子の示す圧力を蒸気圧という．混合液体と成分液体の蒸気圧との関係を表したものが，ラウールの法則である．

Key word 凝縮，液体，気体，蒸気圧，沸騰，沸点，分圧，ラウールの法則

蒸発

液体では各分子間の距離は短く，そのため，分子間力が働いて各分子は互いに引き寄せあっている．液体の内部にいる分子は，周りの四方八方から引き寄せられている．しかし，液体表面の分子を引き寄せる分子の個数は，内部の場合より少ない．このため，液体表面の分子は，分子間力を断ち切って空中へ飛び出すことがある．これが蒸発であり，この飛び立った分子の示す圧力が蒸気圧である．

蒸気圧は温度とともに上昇する．蒸気圧が大気圧と等しくなったときを沸騰といい，このときの温度を沸点（boiling point, bp）という．

分圧

白丸分子と黒丸分子の2種が混ざった，混合液体の蒸発を考えてみよう．混合液体の示す蒸気圧 P_T は，両分子の蒸気圧，P_W と P_B の和である．したがって，P_T は両分子の混合比によって変わり，図に示したものとなる．この**混合液体において，各成分の液体が単独で示す蒸気圧 P_W，P_B を分圧という．**

ラウールの法則

分圧のグラフで示された関係が，ラウールの法則といわれるものである．蒸気圧 P_T は式 (1) で表され，分圧 P_W，P_B は式 (2) で表される．$P_W°$，$P_B°$ はそれぞれ純粋の白丸分子，黒丸分子の蒸気圧である．

この式は，白丸分子，黒丸分子の**混合物における各成分の分圧はモル分率に比例する**というもので，発見者の名前をとってラウールの法則という．

蒸 発

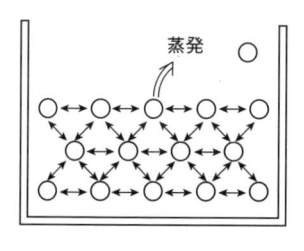

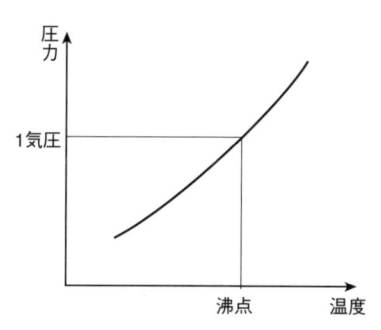

分 圧

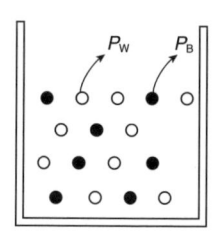

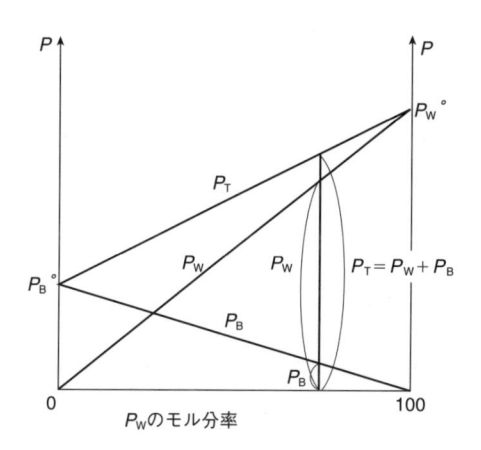

ラウールの法則

$$P_T = P_W + P_B \tag{1}$$

$$P_W = P_W° \frac{n_W}{n_W + n_B} \qquad P_B = P_B° \frac{n_B}{n_W + n_B} \tag{2}$$

n_W, n_B　白丸, 黒丸分子のモル数

concept 38 沸点上昇と凝固点降下

不揮発性分子を含む溶液の沸点は，純溶媒の沸点より高くなり，融点（凝固点）は低くなる．それぞれをモル沸点上昇，モル凝固点降下という．

Key word 溶媒，溶質，モル沸点上昇度，モル凝固点降下度

溶液の蒸気圧

気体になりにくい（不揮発性）分子を溶かした溶液の蒸気圧を考えてみよう．液体中で溶けているものを溶質，溶かすものを溶媒という．食塩水を例にすれば食塩が溶質であり，水が溶媒である．溶媒分子が空中に飛び立とうとしても不揮発性の溶質分子にじゃまをされて飛び立ちにくい．これはこの溶液の蒸気圧が溶媒だけの液体（純溶媒）の蒸気圧より低くなることを示す．

コンセプト37で明らかにしたように，沸点は蒸気圧が大気圧（1 atm）に等しくなったときの温度である．図から明らかなように，**溶液の沸点は純溶媒の沸点より高くなることがわかる．**これが溶液の沸点上昇といわれる現象である．同様に考えると，溶液の融点は降下することがわかる．

モル沸点上昇度とモル凝固点降下度

液体の沸点が純溶媒の沸点に比べて上昇した温度Δt_bは溶質の質量モル濃度に比例する．式で表すと式（1）である．同様に純溶媒の凝固点（融点）に比べて降下した温度Δt_fは式（2）で与えられる．比例定数K_b，K_fはそれぞれモル沸点上昇度，モル凝固点降下度と呼ばれ，溶媒に固有の値である．

例えば1000 gの水にスクロース（砂糖）1 mol（342 g（スクロースの分子量＝342））を溶かした溶液のスクロースの質量モル濃度は1である．したがってこの溶液の融点降下は$1.86 \times 1 = 1.86$となり，水の融点0 ℃より1.86 ℃低い−1.86 ℃ということになる．

分子量測定

この関係を使って溶質の分子量を決定することもできる．水1000 gに分子量のわからない物質342 gを溶かした溶液の融点は−1.86 ℃だったとしたら，この溶液中の物質の質量モル濃度は1である．したがって分子量は342であるということになる．

溶液の蒸気圧

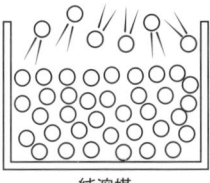

純溶媒 / 溶液

溶質分子
溶媒分子

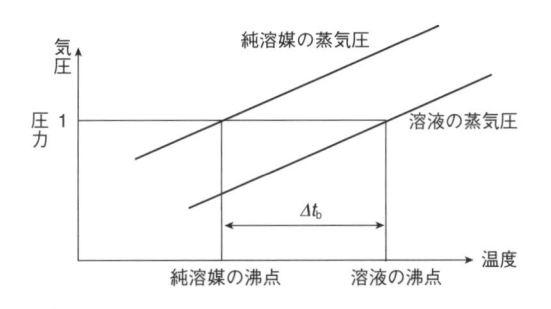

気圧 / 圧力
純溶媒の蒸気圧
溶液の蒸気圧
圧力 1
Δt_b
純溶媒の沸点　溶液の沸点
温度

沸点上昇と凝固点降下

$$\Delta t_b = K_b m_質 \tag{1}$$

$$\Delta t_f = K_f m_質 \tag{2}$$

$$m_質 = \frac{溶質モル数}{溶媒1000\,g} \tag{3}$$

K_b：モル沸点上昇度　　K_f：モル凝固点降下度

溶媒		沸点（℃）	モル上昇（度）K_b	凝固点（℃）	モル降下（度）K_f
水	H_2O	100	0.52	0	1.86
ベンゼン	C_6H_6	80.2	2.57	5.5	5.12
酢酸	$C_2H_4O_2$	118.1	3.07	16.7	3.9
ナフタレン	$C_{10}H_8$	218	5.80	80.2	6.9
ショウノウ	$C_{10}H_{16}O$	209	6.09	178	40.0

concept 39 状態図

多くの物質は液体，固体，気体の三つの状態をとることができる．各状態を液相，固相，気相ともいい，この三つの状態（相）を併せて三態という．三態の関係を表した図が状態図である．

Key word 固相，液相，気相，自由度，特異点，臨界点，超臨界

水の状態図

図は水の状態図である．3本の線分で区切られた各領域は水がどのような相で存在するかを表す．図の左の領域は低温高圧の領域であり，水は固相の氷となっている．図右上は高温高圧で，液相の水として存在し，右下は高温常圧なので気相の水蒸気となっている．この領域の中なら各状態はどのような温度，圧力ででも存在できる．**この状態を，圧力，温度の二つを自由に決めることができるので自由度2であるという．**

線分 ab は水と水蒸気の領域を分けるものであり，ab 上では水と水蒸気が共存できる．水と水蒸気が共存するというのは沸騰するということである．ここでは温度を指定すれば圧力が自動的に決まり，圧力を指定すれば温度は決定される．1気圧のときの沸点は 373 K である．このようにこの**線分上では自由に決められるのは温度，もしくは圧力のいずれか一つであり，自由度1である**という．同様に線分 ac 上では水と氷，ad 上では氷と水蒸気が共存する．

特異点

水の状態図には特別の意味を持つ特異点が2点存在する．

一つは点 a である．ここでは，氷，水，水蒸気が同時に存在でき，この点を三重点という．このような状態になるのは圧力 0.06 atm，温度 273.16 K のときだけであり，したがって温度圧力とも勝手に決めることはできない．自由度0である．

もう一つは点 b である．これは臨界点と呼ばれ，この温度と圧力を超えると水と水蒸気の区別がなくなることを示す．このような状態の水を超臨界水といい，液体の水に近い比重を持ちながら気体に近い激しい分子運動を行うという特色を持つ状態である．このため，各種反応の溶媒として用いられている．また，PCB やダイオキシンなど公害物質の分解にも使える可能性がある．

水の状態図

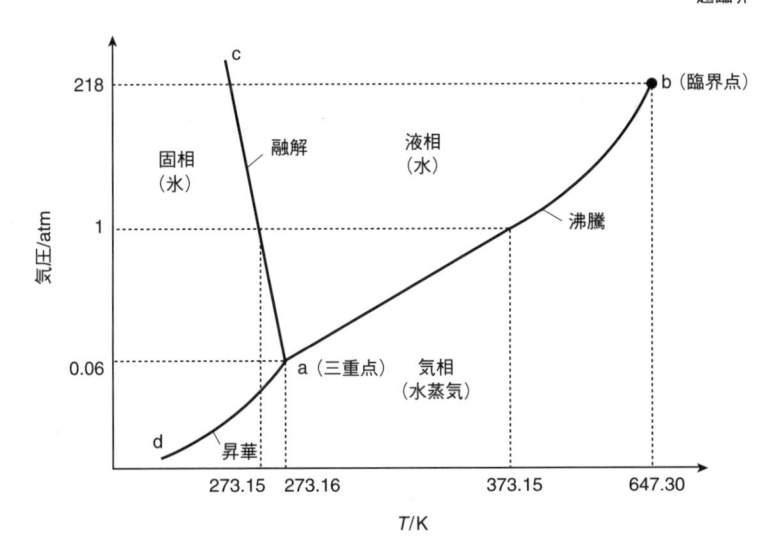

- 縦軸: 気圧/atm (218, 1, 0.06)
- 横軸: T/K (273.15, 273.16, 373.15, 647.30)
- 固相（氷）
- 液相（水）
- 気相（水蒸気）
- 融解
- 沸騰
- 昇華
- 超臨界
- a（三重点）
- b（臨界点）
- c
- d

特異点

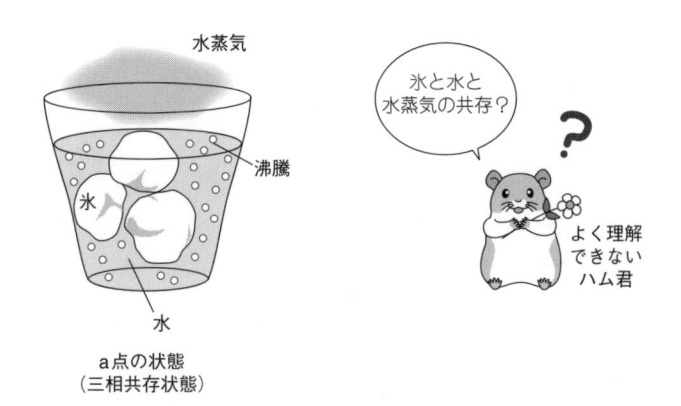

水蒸気
沸騰
氷
水

a点の状態
（三相共存状態）

氷と水と水蒸気の共存？

よく理解できないハム君

concept 40 状態方程式

気体の体積，絶対温度，圧力の間の関係を表した式を状態方程式という．

Key word 理想気体，実在気体，気体定数，ファンデルワールスの状態方程式，実在気体方程式

理想気体状態方程式

理想気体とは理想分子の気体であり，理想分子とは硬い真円の球であり，互いの間に引力などの相互作用のないものである．

理想気体状態方程式は式 (1) で表される．ここで P は圧力，V は体積，n はモル数，T は絶対温度であり，R は気体定数である．簡単で覚えやすい式であり，ぜひとも覚えるべき式の最右翼候補である．

圧力変化

式 (1) を変形すると式 (2) となる．これは，**気体体積は圧力に反比例する**ことを表す．圧力が 2 倍になったら体積は半分になり，圧力が 10 倍になったら体積は 1/10 になる．直径 1 m の風船を 9 m（10 気圧）の海底に引きずり込んだら風船の直径は 46 cm（体積 1/10 倍）ほどになるという寸法である．グラフはこの関係を示したものである．関係は双曲線となる．

温度変化

式 (1) は式 (3) に変化させることもできる．この式は，**気体体積は絶対温度に比例する**ことを表す．温度 0 ℃（273 K）のとき直径 1 m の風船を，温度 273 ℃に加熱すると直径が 125 cm（体積 2 倍）ほどに膨れることになる．この関係をグラフに示した．

実在気体方程式

理想気体でなく，実在気体に適用できる状態方程式が式 (4) である．実在気体方程式，あるいはファンデルワールスの状態方程式と呼ばれる．式の中に定数 a, b を入れておき，その定数を気体の種類によって変化させるというものである．a, b の具体的な値は実験によって求める．

理想気体状態方程式

$$PV = nRT \tag{1}$$

P：圧力　　V：体積
n：モル数　T：絶対温度
R：気体定数（8.31 JK^{-1}mol^{-1}）

圧力，温度変化

$$V = \frac{(nRT)}{P} \tag{2}$$

$$V = \left(\frac{nR}{P}\right)T \tag{3}$$

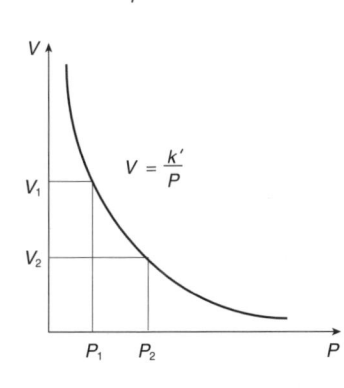

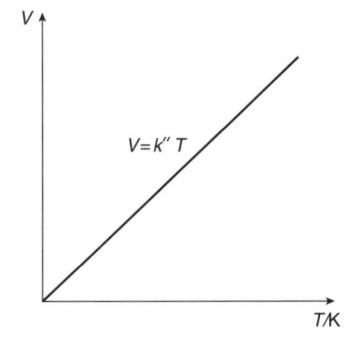

$V = \dfrac{k'}{P}$

$V = k''\,T$

実在気体方程式

$$\left(P + \frac{n^2}{V^2}a\right)(V - nb) = nRT \tag{4}$$

a, b：気体によって定まった定数

concept 41 浸透圧

小さい分子は通過できるが，大きい分子は通過できない膜を半透膜という．半透膜の袋に物質を溶かした溶液を入れ，純溶媒中に浸すと溶媒が半透膜を通って袋に入る．このとき，袋の内側と外側が示す圧力の差を浸透圧という．

Key word 半透膜，ファントホッフの法則

半透膜

　図は水中にハンカチで包んだ食塩を入れたものである．ハンカチを通して水が食塩にしみこむ．やがて溶けた食塩分子がハンカチを通って水槽にしみだす．そして十分時間がたった後には，ハンカチの内外を問わず，水槽の食塩濃度は場所に関係なく一定となる．これは食塩を包んだハンカチという膜の目が粗く，水分子も食塩分子も，同じように通過させてしまったからである．

　食塩を細胞膜で包んだらどうなるか．**細胞膜は半透膜であり，水分子は通すが食塩分子は通さない**．このような膜を半透膜という．かわいそうだがフグ君にモデルになってもらおう．フグ君の体の中には食塩も入っている．食塩はフグ君から出ることはできない．しかし水分子は通す．その結果，フグ君の体には水分子が大量に入り込み，かわいそうにフグ君は急いでダイエット教室に通うことになる．

浸透圧

　底を半透膜で被ったピストンの中に n mol の溶質を含み，体積 V の溶液を入れて純溶媒の中に入れる．**半透膜を通して溶媒がピストン中にしみこみ，ピストンの体積は膨張して V' になる．このピストンを上から押し下げて，元の体積 V に戻すのに，力 π を必要としたとする．このとき，この力 π を浸透圧**という．

ファントホッフの法則

　浸透圧 π，溶液体積 V，溶質モル数 n の間には式（1）の関係がある．この関係を**ファントホッフの法則**という．気体の状態方程式とよく似た式である．この法則は，浸透圧が溶液の濃度に比例するということを明らかにしている．

半透膜

ハンカチ
溶媒
溶質

Mis. Hugu
半透膜

ダイエットさせてー！

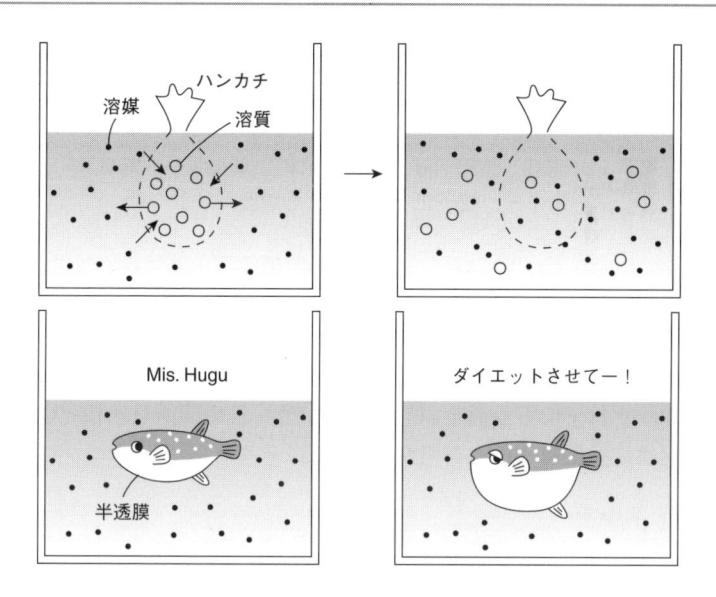

浸透圧

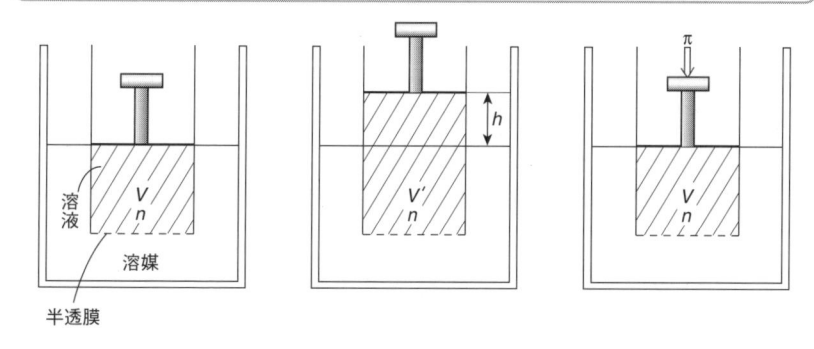

溶液
溶媒
半透膜

V
n

h
V'
n

π
V
n

ファントホッフの法則

$$\pi V = nRT \qquad (1)$$

π：浸透圧
V：溶液体積
n：溶質モル数

concept 42 溶解

溶質が溶媒に溶けることを溶解という．溶媒 100 g に溶ける溶質の最大質量（g 数）を溶解度という．溶解度に達した溶液を飽和溶液という．

Key word 溶液，飽和溶液，水和，水和エネルギー，溶媒和，溶媒和エネルギー，格子エネルギー，溶解度

溶解

食塩が水に溶ける現象を細かく見てみよう．まず食塩の結晶が崩れる．その結果生じた Na^+ イオンと Cl^- イオンが水に溶ける．この場合の**水に溶けるとは，イオンが水分子に取り囲まれることをいう．この現象を水和という．**一般に溶質が溶媒に囲まれることを溶媒和という．

溶解のエネルギー

結晶は，イオンがイオン結合によって格子状に整列した安定な状態である．そのため，**結晶を崩すためには外部からエネルギーを供給する必要がある（吸熱反応）．これを格子エネルギーと呼ぶ．**一方，**結晶が崩れて生じたイオンが水和される過程は，新たな分子間力が生成する安定化の過程であり（発熱反応），この安定化エネルギーを水和エネルギー，一般には溶媒和エネルギーと呼ぶ．**

溶解の全エネルギーは，格子エネルギーと水和エネルギーの和となる．多くの溶解では格子エネルギー（の絶対値）が水和エネルギー（の絶対値）より大きい．そのため溶解は吸熱過程である．すなわち暖めてやればよく溶ける．しかし，発熱を伴う溶解も一般に熱すれば溶解度が上がる．これは高温では分子が自由に動くことができるようになることによる．

溶解度

溶媒 100 g に溶ける溶質の最大質量（g 数）を溶解度という．いくつかの化合物の水に対する溶解度の温度変化をグラフに示した．硝酸カリウム（KNO_3）のように温度上昇とともに急激に溶解度を増加させるものもあれば水酸化カルシウム（$Ca(OH)_2$）のようにほとんど変化しない（実際にはわずかに減少）するものもある．

溶解

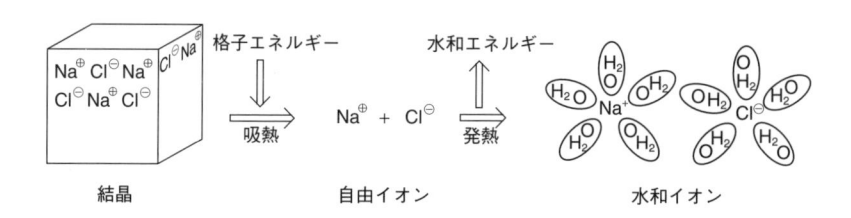

結晶 → 自由イオン → 水和イオン

格子エネルギー（吸熱）
水和エネルギー（発熱）

溶解のエネルギー

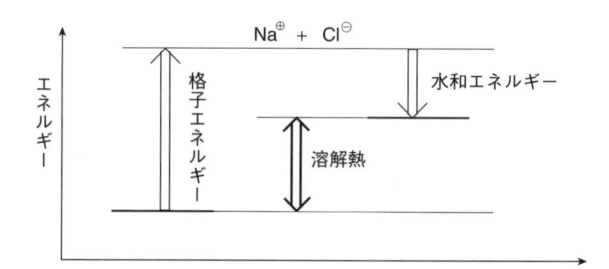

$Na^+ + Cl^-$

格子エネルギー、水和エネルギー、溶解熱

溶解度

g (g/水100 g)

NaNO₃, KNO₃, KCl, NaCl, Ca(OH)₂

暖めれば溶けるということです

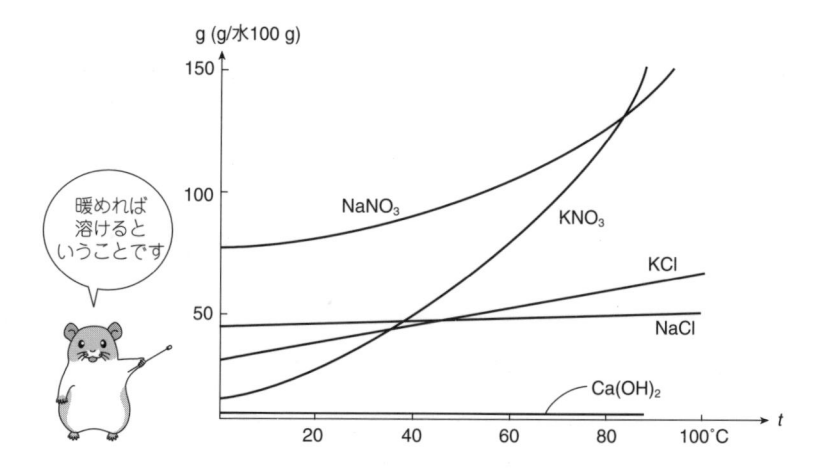

concept 43 — ヘンリーの法則

気体の溶解に関する法則で，一定温度の下で，溶液に溶ける気体の質量は圧力に比例する．

Key word 溶解度，分圧

ヘンリーの法則（気体の質量）

1803年，イギリスの化学者 W. ヘンリーは気体の溶解に関してヘンリーの法則といわれるものを発表した．ヘンリーの法則とは次のようなものである．
　一定温度の下で一定量の液体に溶ける気体の質量はその気体の圧力（分圧）に比例する．

ヘンリーの法則（気体の体積）

　気体の体積は圧力に反比例する．すなわち，ある体積の水に，1気圧の下で2g（22.4 L）の水素ガスが溶けたとしよう．ヘンリーの法則に従えば，圧力が2倍の2気圧になれば4g（1気圧下で44.8 L）の水素ガスが溶けることになる．しかし，圧力が2倍になれば気体の体積は半分になるから，2気圧の下での4gの水素ガスの体積は22.4 Lである．したがってヘンリーの法則を気体の体積についていえば次のように言い換えることができる．
　一定温度の下で一定量の液体に溶ける気体の体積は圧力に無関係である．

column 気体の溶解度と温度

　夏の暑い日には金魚鉢の金魚は水面でパクパクしていることがある．これは手持ちぶさたであくびしているわけではない．必死で空気中の酸素を吸っているのだ．温度が上がると気体（酸素）の溶解度が落ちるのだ．いくつかの気体の溶解度の温度依存性をグラフに示した．
　二酸化炭素ガスの溶解度は際だって大きいため，二酸化炭素ガスの目盛りだけ右側にとってある．これは二酸化炭素ガスが分子内にプラスとマイナス部分を持つ極性構造であるため，同じ極性構造の水との間に分子間力が強く働くためである．**溶解に際しては，一般に似た（構造の）ものは似た（構造の）ものを溶かすといわれる．**

ヘンリーの法則

- 一定温度で一定量の液体に溶ける気体の質量は圧力（分圧）に比例する．
  $PV = nRT$　　　$V = (nRT) / P$　　　体積は圧力に反比例する．
- 一定温度で一定量の液体に溶ける気体の体積は圧力に無関係である．

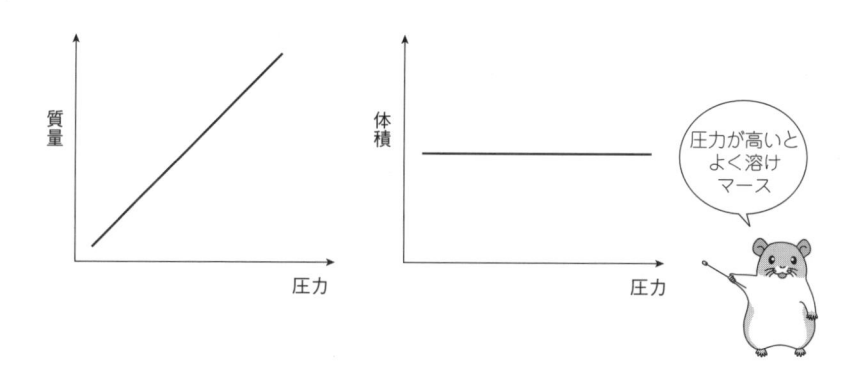

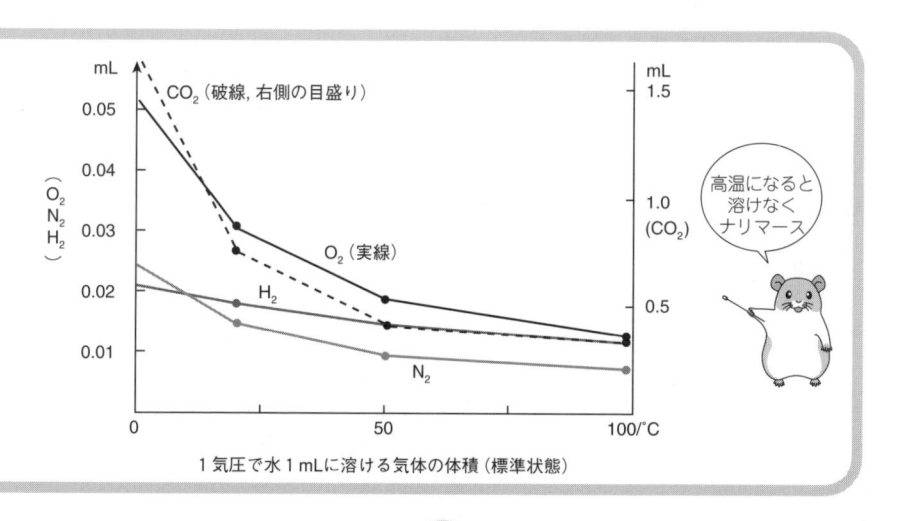

質量 vs 圧力（比例）／体積 vs 圧力（一定）

圧力が高いと
よく溶け
マース

CO₂（破線, 右側の目盛り）
O₂（実線）
H₂
N₂

1気圧で水1mLに溶ける気体の体積（標準状態）

高温になると
溶けなく
ナリマース

7章 エネルギー

concept 44 熱力学第1法則

孤立系においては，エネルギーの総和は保存される．これが熱力学第1法則である．これは，エネルギー保存則，あるいは質量不滅の法則ともいわれる．

Key word エネルギー保存則，質量不滅の法則，熱，エネルギー，質量，仕事，孤立系

熱（熱量），エネルギー，仕事，質量

水に熱を加えれば温度が上がり，沸騰して水蒸気となる．その水蒸気のエネルギーでヤカンの笛がピーーーと鳴る．笛が鳴ったのは，水が熱で蒸気になり，蒸気がエネルギーを使って笛に仕事をしたからである．

一連の現象は，熱あるいは熱量（Q），エネルギー（E），仕事（W）が同じものであり，互いに変化しあっていることを示す．さらにアインシュタインはエネルギーと質量（m）も同じものであり，光速を c とすると $E = mc^2$ という簡単な式で結ばれることを示した．

熱力学第1法則

熱力学第1法則は次のようにいう．

孤立系においては，エネルギーの総量は保存される．

ここで言うエネルギーは広い意味で使われている．すなわち，熱，エネルギー，仕事，質量をすべて同じものとした上で，エネルギーという言葉で代表させている．したがってこの法則を誤解のないように言い直せば次のようになる．

孤立系においては，熱，エネルギー，仕事，質量の総和は保存される．質量不滅の法則はこの一連の同等物を，エネルギーに代えて質量という言葉で代表させたにすぎない．

孤立系

系は漠然とした言葉であるが，考えている事がらの関係する範囲というようなものである．金魚の生態を考えるときの系は金魚鉢の中であろう．地球環境を考えるときの系は，地球はもちろん宇宙の一部までもが系となる．

孤立系というのは，外部とエネルギーのやりとりのない系のことである．

熱, エネルギー, 仕事, 質量

- ヤカン
- Pii—
- 笛
- 仕事 (W)
- エネルギー (E)
- ガスレンジ
- 熱 (Q)

熱 ≡ エネルギー ≡ 仕事 ≡ 質量

熱力学第1法則

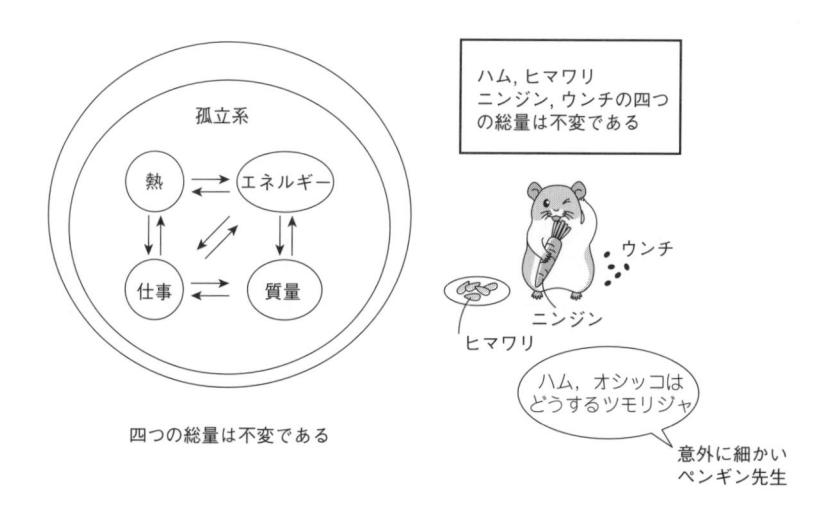

孤立系
熱 ⇌ エネルギー
仕事 ⇌ 質量

四つの総量は不変である

ハム, ヒマワリ, ニンジン, ウンチの四つの総量は不変である

- ウンチ
- ニンジン
- ヒマワリ

ハム, オシッコはどうするツモリジャ

意外に細かいペンギン先生

concept 45 — 内部エネルギー

電子エネルギー，結合エネルギーなど，系の内部にためられたエネルギーを内部エネルギーという．

Key word 運動エネルギー，位置エネルギー，熱量，仕事量

内部エネルギー

　ある系に熱量 ΔQ が加わったところ，系はその熱量の一部を使って外部に対して仕事 $-\Delta W$ をしたとする．

　熱力学では系に入った量を正の符号で表し，系から出た量をマイナスの符号で表す．したがって今回の熱量 ΔQ は系に入ったのだからプラスの符号になる．それに対して仕事 ΔW は系が外部に対して行ったのだから系から出ていった量になり，したがってマイナスの符号を付けて $-\Delta W$ となる．

　系に入った熱量 ΔQ と出た仕事量 $-\Delta W$ の差　$\Delta Q - (-\Delta W) = \Delta Q + \Delta W = \Delta U$　のΔU は系の内部にため込まれたエネルギーであり，これを内部エネルギーという． 内部エネルギーは運動エネルギー（$U_{運動}$）と位置エネルギー（$U_{位置}$）に分けて考えることができる．

分子の内部エネルギー

　分子の内部エネルギーのうち，運動エネルギーにはまず，位置移動に伴う並進エネルギー（$U_{並進}$）があり，そのほかに結合の振動と回転に伴う振動エネルギー（$U_{振動}$）と回転エネルギー（$U_{回転}$）がある．

　次に位置エネルギーであるが，これに相当するのは結合エネルギー（$U_{結合}$）と分子を構成する電子の持つ電子エネルギー（$U_{電子}$）の二つである．

　このように，内部エネルギーの要素は複雑であり，その全体を知ることは不可能である．**物理化学では内部エネルギーの絶対値は問題でなく，変化量だけを考える．**

　棚から落ちた置物が下の花瓶を壊すように，位置エネルギーが運動エネルギーに変わるのは分子の場合も同じである．高い電子エネルギー準位にある電子が下の準位に遷移すればそのエネルギー差（位置エネルギー差）は運動エネルギーに変化し，分子は激しく振動，回転，位置移動を起こすことになる．

エネルギーの出入り

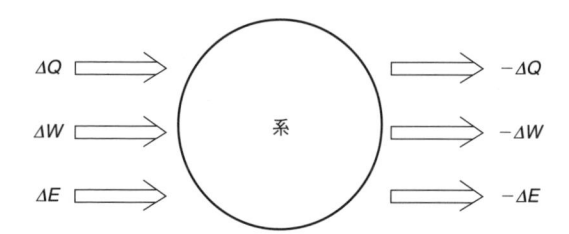

$\Delta Q \longrightarrow$ 系 $\longrightarrow -\Delta Q$

$\Delta W \longrightarrow$ $\longrightarrow -\Delta W$

$\Delta E \longrightarrow$ $\longrightarrow -\Delta E$

内部エネルギー

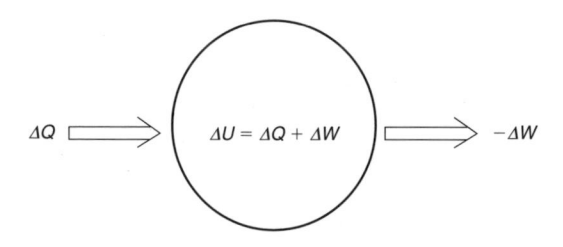

$\Delta Q \longrightarrow$ $\Delta U = \Delta Q + \Delta W$ $\longrightarrow -\Delta W$

分子の内部エネルギー

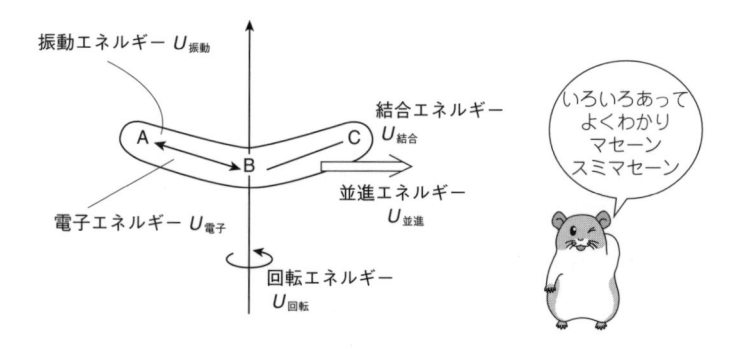

振動エネルギー $U_{振動}$

結合エネルギー $U_{結合}$

電子エネルギー $U_{電子}$

並進エネルギー $U_{並進}$

回転エネルギー $U_{回転}$

いろいろあって
よくわかり
マセーン
スミマセーン

45◆内部エネルギー

concept 46 エンタルピー

定容変化では，系の内部エネルギー変化は系に加わったエネルギーに等しい．一方，定圧変化では，系に加わったエネルギーの一部は体積変化として仕事に使われる．定圧変化の下での内部エネルギー変化量をエンタルピーという．

Key word 定容変化，定圧変化，内部エネルギー

定容変化と定圧変化

反応には，密閉されたボンベ内のように一定体積の容器内で起こる定容変化と，一定圧力下で起こる定圧変化がある．われわれが日常に観察する反応は1気圧の下で起こる定圧反応である．**定容変化では圧力が変化し，定圧変化では体積が変化する**．体積変化は外部に対して仕事を行ったことになる．

内部エネルギー変化

ピストン系を考えよう．体積 V_1，内部エネルギー U_1 を持つ系に熱量 ΔQ を加えたところ体積，内部エネルギーがそれぞれ V_2，U_2 に変化したとする．この変化に伴う内部エネルギー変化 ΔU は，次のように考えられる．すなわち外部に対してピストンが行った仕事 ΔW は，気圧 P に逆らって ΔV だけ膨張したわけだから $-P\Delta V$ となり，したがって ΔU はコンセプト 45 で明らかにしたとおり，式 (1) で表される．この式を変形すると加えた熱量 ΔQ は式 (2) で表される．

エンタルピー

定容変化とは $\Delta V = 0$ ということであり，外部に対して仕事は行われないということである．したがって，**定容変化では系に加えられた熱量は式 (3) のように，そっくり内部エネルギーとして蓄えられることになる**．

定圧変化は圧力一定の条件であるから体積変化が伴うことになる．ここでは熱量は仕事として使われる分と内部エネルギーとして蓄えられる分に分かれる．式 (2) において，ΔQ を ΔH と書き換えて式 (4) とする．ここで H をエンタルピーと呼ぶことにする．

以上の考察から次のことが明らかになる．系に入った熱量は「**定容変化では内部エネルギー，定圧変化ではエンタルピー**」で計られる．

定容変化と定圧変化

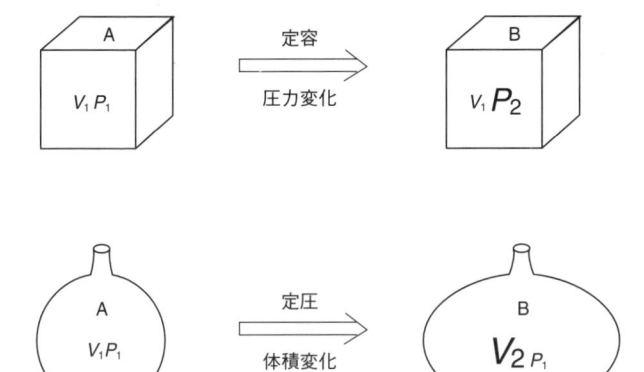

A: $V_1 P_1$ →(定容 圧力変化)→ B: $V_1 P_2$

A: $V_1 P_1$ →(定圧 体積変化)→ B: $V_2 P_1$

内部エネルギー変化

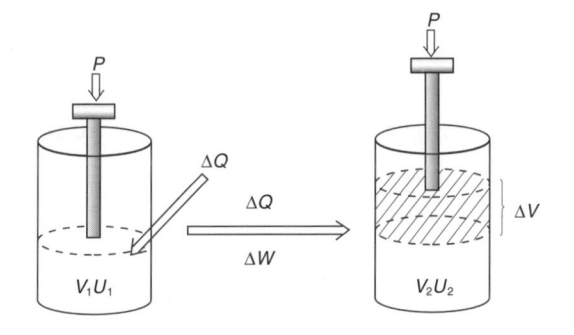

$V_1 U_1$ →(ΔQ, ΔW)→ $V_2 U_2$

$$\Delta U = U_2 - U_1 = \Delta Q + \Delta W = \Delta Q - P\Delta V \tag{1}$$
$$\Delta Q = \Delta U + P\Delta V \tag{2}$$

内部エネルギーとエンタルピー

定容変化 $\Delta Q = \Delta U$ (3)

定圧変化 $\Delta H = \Delta U + P\Delta V$ (4)

concept 47 ヘスの法則

エンタルピー変化は状態量であり，反応の出発系と生成系が決まれば，反応の経路に関係しない．これをヘスの法則という．

Key word エンタルピー，結合エネルギー，反応熱，状態量

ヘスの法則

出発物質 A が生成物 B に変化する反応に伴うエンタルピー変化 ΔH_{AB} は，反応がどのような経路をたどろうと，一定である．これがヘスの法則のいうところである．すなわち，図に示した直接的な経路Ⅰであろうと，途中で中間生成物 C を経由する複雑な経路Ⅱであろうと，最初の状態 A と最後の状態 B さえ決まっていれば経路に関係なく ΔH_{AB} である．このような量を状態量という．

反応熱の算出

結合エネルギー（実際にはエンタルピー）の若干のものを表にあげた．**ヘスの法則を用いると，この結合エンタルピーを元にして反応熱（反応エンタルピー）を求めることができる**．例について求めてみよう．

水素分子と塩素分子が反応して塩化水素ができる反応，反応 1 に伴う反応熱である．表にある H–Cl の結合エンタルピーを反応 1 の反応熱と思ってはいけない．表の値は H（水素原子）と Cl（塩素原子）から HCl が生じるときのエンタルピーであって，水素分子と塩素分子の反応に伴うものではない．

このようなときには反応のサイクルを考え必要がある．

水素と塩素がともに分子でいる状態Ⅰを基準にしよう．まず水素分子 H_2，塩素分子 Cl_2 を水素原子 H，塩素原子 Cl に解離して状態Ⅲにしなければならない．最初に水素分子を解離して状態Ⅱにしよう．そのためには H–H 結合エンタルピーの半分 216 kJ/mol が必要である．その後塩素分子を解離して状態Ⅲにする．このためには Cl–Cl 結合エネルギーの半分 119.5 kJ/mol が必要となる．この状態Ⅲから塩化水素分子の状態Ⅳにするためのエンタルピーが H–Cl の結合エンタルピー 428 kJ/mol なのである．

このサイクルから状態Ⅰと状態Ⅳの間のエンタルピー差は 92.5 kJ/mol であることは明らかである．これが反応 1 の反応熱となる．

ヘスの法則

A $\xrightarrow{-\Delta H_{AB}}$ B

エンタルピーは状態量デース

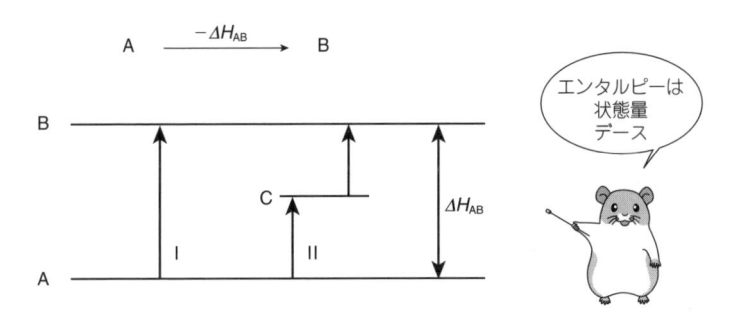

反応熱

$\frac{1}{2}$ H$_2$ + $\frac{1}{2}$ Cl$_2$ $\xrightarrow{-\Delta H}$ HCl （反応1）

H + Cl $\xrightarrow{428 \text{ kJ/mol}}$ HCl

H$_2$ $\xrightarrow{432 \text{ kJ/mol}}$ 2H

Cl$_2$ $\xrightarrow{239 \text{ kJ/mol}}$ 2Cl

結合	結合エネルギー (kJ/mol)
H—H	432
Cl—Cl	239
H—Cl	428
C—H(CH$_4$)	411
N—H(NH$_3$)	386
O—H(H$_2$O)	459

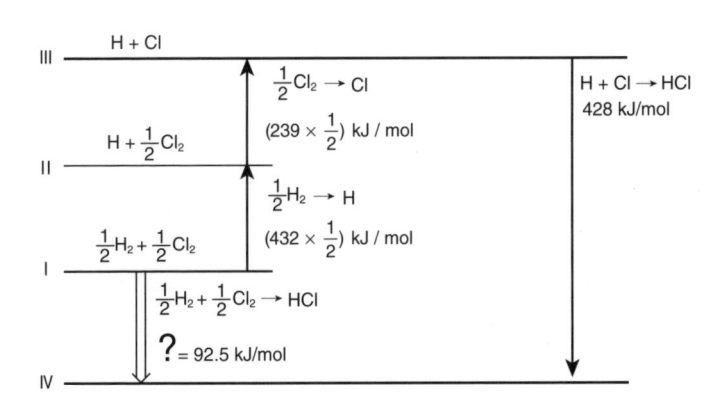

III　H + Cl

　　　　$\frac{1}{2}$Cl$_2$ → Cl
　　　　$(239 \times \frac{1}{2})$ kJ / mol

II　H + $\frac{1}{2}$Cl$_2$

　　　　$\frac{1}{2}$H$_2$ → H
　　　　$(432 \times \frac{1}{2})$ kJ / mol

I　$\frac{1}{2}$H$_2$ + $\frac{1}{2}$Cl$_2$

　　　　$\frac{1}{2}$H$_2$ + $\frac{1}{2}$Cl$_2$ → HCl
　　　　? = 92.5 kJ/mol

H + Cl → HCl
428 kJ/mol

IV

47◆ヘスの法則

concept 48 エントロピー

エントロピーは乱雑さを表す尺度である．

Key word 乱雑さ

可能性の数

一つしかない区画に分子が入るとき，入り方 P_1 は 1 通りしかない．二つの区画に入るなら入り方の種類の数 P_2 は 2 となり，三つの区画では P_3 は 3 になる．すなわち，P は区画の数 V に比例する．区画が一つの P_1 と三つの区画の P_3 を比べると，P_3 は三つの区画を分子が自由に動き回れるわけであり，P_1 に比べてとりうる位置の自由度が大きいことがわかる．これは言ってみれば**乱雑さの度合いが大きい**ということになる．

エントロピー

これらの状態を表す言葉として新たにエントロピー S を式 (1) のように定義する．すなわち，**エントロピーは系の乱雑さを表す尺度として定義された値である**．積み上げたリンゴの山は，何かあったら崩れようと待ちかまえている．自然界は整然とした状態から乱雑な状態に変化する．これはエントロピーが増加することを意味する．この定義の下で，エントロピーの差 ΔS は式 (2) になる．

体積とエントロピー

ピストン系の運動を考えてみよう．今，体積 V_1 のピストンに外部から熱量 ΔQ を加えたところ，ΔQ をすべて外部に対する仕事に費やして膨張し，体積 V_2 になったとする．このときピストンが外部に対して行った仕事，すなわち外部から受け取った熱量 ΔQ は式 (3) で与えられる．

熱量とエントロピー

式 (2) と式 (3) は同じ自然対数項を含んでいる．この項を仲立ちとして式 (2) と (3) を結ぶと式 (4) となる．ここで，係数 k を nR とおくと式 (5) となり，式 (6) となる．

式 (5) は熱の観点から見たエントロピーの根本の式であり，式 (6) はエントロピーに絶対温度をかけると熱量（エネルギー）になることを示すものである．

可能性の数

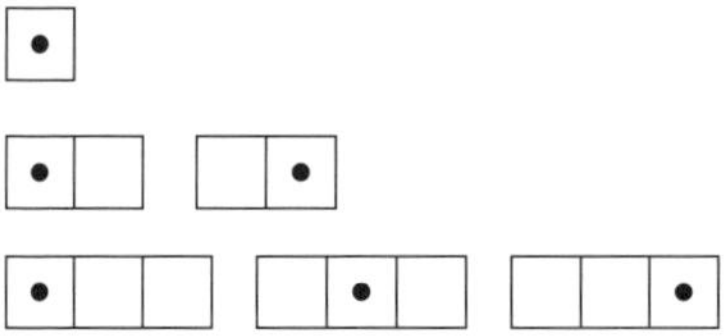

P_1 ■ $P_1 = V_1 = 1$

P_2 ■□ □■ $P_2 = V_2 = 2$

P_3 ■□□ □■□ □□■ $P_2 = V_3 = 3$

エントロピー

$$S_n = k \ln P_n \tag{1}$$

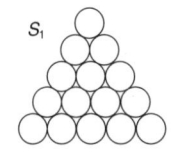

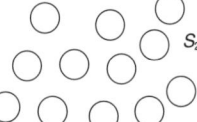

S_1 → S増大 → S_2

$$\Delta S = S_2 - S_1 = k \ln V_2 - k \ln V_1 = k \ln \frac{V_2}{V_1} \tag{2}$$

体積変化とエントロピー

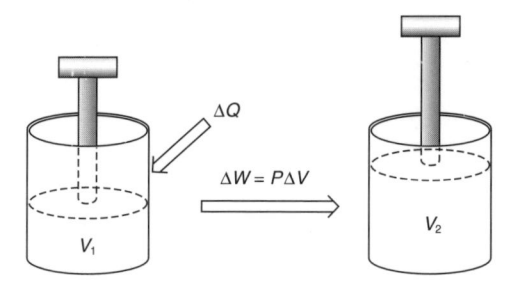

ΔQ, $\Delta W = P\Delta V$, $V_1 \to V_2$

$$\Delta Q = \Delta W = \int_{V_1}^{V_2} P \Delta V = \int_{V_1}^{V_2} \frac{nRT}{V} \Delta V = nRT \ln \frac{V_2}{V_1} \tag{3}$$

$$\ln \frac{V_2}{V_1} = \frac{\Delta Q}{nRT} = \frac{\Delta S}{k} \tag{4}$$

$$\Delta S = \frac{\Delta Q}{T} \tag{5}$$

$$\Delta Q = T \Delta S \tag{6}$$

concept 49 — 自由エネルギー

系はエンタルピーの低いほうへ，そしてエントロピーの増大するほうへ変化する．そこで，エンタルピーとエントロピーを組み合わせた量を定義して，自由エネルギーと呼ぶ．

Key word　エネルギー，エントロピー

エネルギー

　川の水は高い所から低いところへ流れる．これは位置エネルギーによる．
　状態 A のエネルギーが状態 B より大きい場合に，系はどのように変化するだろうか．系は安定な，状態 B に変化するだろうか．

エントロピー

　水の入ったコップがある．ここにインクを 1 滴，できるだけ静かに入れた．水中にインクが 1 滴，固まり状に入っている初期状態を A としよう．このまま 1 日放置したらどうなるだろう．インクは水に溶け，コップ中の水は一様に薄青色になっているだろう．この状態を B としよう．A と B の間にエネルギー差はない．しかし A は B に変化する．
　これはなぜだろう．コンセプト 48 で明らかにしたエントロピーである．**変化に伴って系のエントロピーが増大した**のだ．

自由エネルギー

　反応の進行方向を判定するにはエネルギーだけではなく，エントロピーも考慮しなくてはならない．コンセプト 48 でエントロピーはエネルギーに結びついていることを明らかにした．**エントロピー差に由来するエネルギーを ΔQ_e とし，系のエネルギー差 ΔQ と組み合わせれば反応の進行を判定する新しい熱エネルギー関数ができることになる．これを自由エネルギーという．**
　コンセプト 46 で明らかにしたように，定容変化のエネルギー差は内部エネルギー差 ΔU で与えられ，定圧変化では ΔH であった．このことから，**定容変化に対応する自由エネルギーは式 (1) の ΔA であり，定圧変化では式 (2) の ΔG となる．**各々をヘルムホルツ，ギブズの自由エネルギーと呼ぶ．

エネルギー

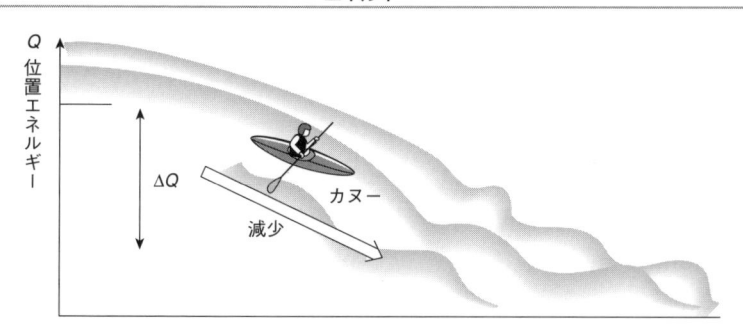

Q 位置エネルギー
ΔQ
カヌー
減少

エントロピー

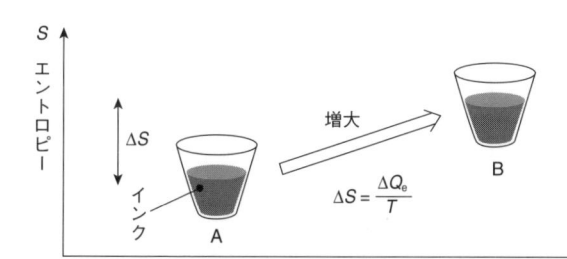

S エントロピー
ΔS
インク
A
増大
B
$$\Delta S = \frac{\Delta Q_e}{T}$$

自由エネルギー

定容変化　$\Delta Q = \Delta U$　　　　$\Delta Q_e = T\Delta S$
定圧変化　$\Delta Q = \Delta H$

定容変化：　$\Delta A = \Delta U - T\Delta S$　　ヘルムホルツの自由エネルギー　　(1)
定圧変化：　$\Delta G = \Delta H - T\Delta S$　　ギブスの自由エネルギー　　(2)

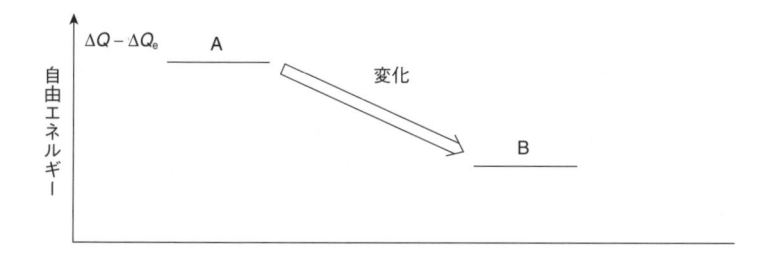

$\Delta Q - \Delta Q_e$　自由エネルギー
A
変化
B

49◆自由エネルギー

concept 50 標準自由エネルギー

標準状態（1気圧，0℃）の自由エネルギーを標準自由エネルギーという．

Key word 内部エネルギー，エントロピー

自由エネルギー変化

一定温度 T の下で状態 A が状態 B に定圧変化したとき，その変化に伴う自由エネルギー変化 ΔG を求めてみよう．ΔG は式 (1) で与えられる．

条件より温度は一定であり，内部エネルギーは温度のみの関数だから両状態の内部エネルギーは等しい（式 (2)）し，状態方程式から式 (3) が成立する．以上より ΔG は式 (4) のように簡単になる．

エントロピー変化

式 (4) は，形は簡単だがエントロピー変化 ΔS を含んでいる．ここで ΔS を求めてみよう．

コンセプト 45 で見たように，内部エネルギーは式 (5) で与えられる．問題にしている条件では内部エネルギー変化はないのだから，熱量変化は仕事量に等しくなり，式 (6) となる．これからエントロピーを求めると，コンセプト 48 で明らかにしたように，定義によって式 (7) になる．

状態方程式から温度は式 (8) になるので，これを式 (7) に代入すると ΔS は体積の関数として式 (9) のように求められる．この式を使って積分すると，ΔS の体積変化に伴う変化量は式 (10) となり，状態方程式を適用すれば**圧力変化に伴う ΔS も求まる**．

標準自由エネルギー

式 (10) を式 (4) に代入すれば，ギブズ自由エネルギーの変化量は式 (11) となる．この式は二つの状態のギブズ自由エネルギーの差が圧力比によって決まることを示している．**標準状態（1気圧，0℃）のギブズ自由エネルギーを G° とおくと，任意の圧力の下でのギブズ自由エネルギーは式 (12) で与えられることになる．この G° を標準ギブズ自由エネルギーという．**

自由エネルギー変化

$$\Delta G = G_B - G_A = (U_B + P_B V_B - TS_B) - (U_A + P_A V_A - TS_A)$$
$$= (U_B - U_A) + (P_B V_B - P_A V_A) - (TS_B - TS_A) \tag{1}$$

温度一定　　$U_B = U_A$　　　Uは温度のみの関数 $\tag{2}$

状態方程式　　$P_B V_B = P_A V_A$ $\tag{3}$

$$\Delta G = -T(S_B - S_A) = -T\Delta S \tag{4}$$

エントロピー変化

$$\Delta U = \Delta Q + \Delta W = 0 \tag{5}$$

$$\Delta Q = -\Delta W = P\Delta V \tag{6}$$

$$\Delta S = \frac{\Delta Q}{T} = \frac{P\Delta V}{T} \tag{7}$$

$$PV = RT \text{ より } T = \frac{PV}{R} \tag{8}$$

$$\Delta S = \frac{PR}{PV}\Delta V = \frac{R}{V}\Delta V \tag{9}$$

$$\Delta S = R\int_{V_1}^{V_2}\frac{1}{V}dV = R\ln\left(\frac{V_2}{V_1}\right) = R\ln\left(\frac{P_1}{P_2}\right) \tag{10}$$

標準自由エネルギー

$$\Delta G = RT\ln\left(\frac{P_2}{P_1}\right) \tag{11}$$

$$G = G° + RT\ln P \tag{12}$$

$-\ln\dfrac{P_1}{P_2} = \ln\dfrac{P_2}{P_1}$ デース

コンナムズカしいこと言ったの初めて！カンゲキ！！

concept 51 — 平衡

AはBに変化し，BもまたAに変化する反応を可逆反応という．可逆反応を長時間放置すると，AとBの量の比がある一定量 K になったところで見かけ上変化しなくなる．この状態を平衡といい，K を平衡定数という．平衡定数は標準自由エネルギーの差によって決定される．

Key word 可逆反応，平衡定数，標準自由エネルギー

平衡状態

Aの分圧を P_A，Bの分圧を P_B とする．AとBが可逆的に互いに変化するときその分圧の変化は図のようになる．すなわち，最初はAのみであり，時間とともにBが生成したとすると，最初のAの分圧は全圧そのものである．やがて時間とともに P_A は減少して P_B が増え，**長時間後には P_A と P_B の比は一定となる．このとき P_A と P_B の比，K を平衡定数という**．

自由エネルギー変化

コンセプト49で明らかにしたように，反応の方向を決定するのは自由エネルギーである．Aの自由エネルギー G_A とBの自由エネルギー G_B を比較して，もし，どちらかが低かったらどうなるだろうか．反応は低いものを生成するように進行し続けることになる．すなわち，平衡にはならない．**平衡に達したということは，両者の間に自由エネルギーの違いがなくなったということである．$\Delta G = 0$，これが平衡の条件である**．

平衡定数と標準自由エネルギー

自由エネルギーの求め方はコンセプト50で明らかにした．この式を使ってAとBの自由エネルギー差 ΔG を計算してみよう．

定義に従って計算すると式 (1) となり，平衡状態ではこれが0となる．したがって平衡状態では式 (2) が成り立つことになる．この式はすなわち，**平衡定数は標準自由エネルギーの差によって決定されることを示している**．

平衡状態

A ⇌ B

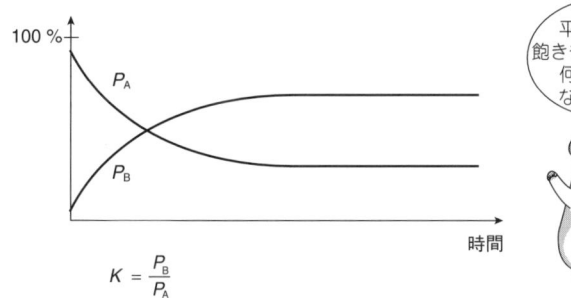

$K = \dfrac{P_B}{P_A}$

平衡状態に飽きチャッター！何か変化がないカナー

自由エネルギー変化

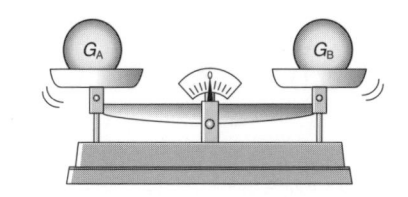

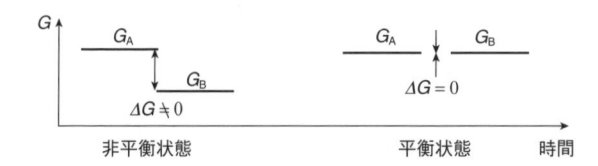

非平衡状態 $\Delta G \neq 0$

平衡状態 $\Delta G = 0$

標準自由エネルギー

$$\Delta G = G_B - G_A$$
$$= (G_B° + RT \ln P_B) - (G_A° + RT \ln P_A)$$
$$= (G_B° - G_A°) + RT \ln\left(\dfrac{P_B}{P_A}\right) = 0 \tag{1}$$

$$RT \ln \dfrac{P_B}{P_A} = RT \ln K = -\Delta G° \tag{2}$$

8章 反応速度

concept 52　反応速度

反応の速さを表す式を速度式といい，用いられる定数を速度定数という．反応速度を比べれば，速度定数の大きいほうが速い反応である．

Key word　反応速度式，速度定数，初濃度

反応速度式

　反応には，爆発反応のように瞬時に完結する速い反応もあれば，^{14}C が ^{14}N に変わる反応のように，^{14}C の量が半分になるのに 6000 年近くかかるような遅い反応までいろいろある．

　反応 1 は，A が B に変化する反応で，一分子反応，あるいは一次反応といわれる最も単純な反応である．この反応の速度 v は，A の濃度 [A] を用いて式 (1) で表すことができる．**式 (1) を反応速度式といい，定数 k を速度定数という．**

速度定数

　反応速度の勉強で最終的に使う式は式 (7) なので，途中の式は省略してもよいのだが，気になるといけないので示しておく．

　すなわち，式 (1) を変形すると式 (2) となる．この式を使って定積分を行う．式 (2) の左辺は濃度であり，右側は時間である．そのため，条件を式 (3) のようにそろえてやる．すなわち，最初は A のみで，やがて B が生成したとすると，時間 $t = 0$ における A の濃度は最初の濃度（初濃度）$[A]_0$ であり，t 時間たった $t = t$ 後には [A] となる．積分式は式 (4) となり，公式に従って計算すると式 (5) となる．対数の性質に従うと式 (6) となり，これから**速度定数は式 (7) で与えられる**．

速度定数の計算

　速度定数を求めてみよう．表の反応Ⅰでは，最初の A の濃度（初濃度）は 100 mol/L であったが，100 分後には 10 mol/L に減っていた．式 (7) に，表の値を代入すれば速度定数は式 (8) のように求められる．

　反応Ⅱは反応Ⅰより速い反応であり，100 分後には 1 mol/L と，反応Ⅰに比べて 1/10 に激減していたというものである．速度定数は式 (9) になる．

反応速度式

$$A \xrightarrow{k} B \quad \text{(反応1)}$$

$$v = \frac{-d[A]}{dt} = k[A] \tag{1}$$

速度定数

$$-\frac{d[A]}{[A]} = k\,dt \tag{2}$$

積分

$$\left. \begin{array}{ll} t = 0 & t = t \\ {[A] = [A]_0} & [A] = [A] \end{array} \right\} \tag{3}$$

$$\int_{[A]_0}^{[A]} -\frac{d[A]}{[A]} = \int_0^t k\,dt \tag{4}$$

$$-(\ln[A] - \ln[A]_0) = kt \tag{5}$$

$$\ln \frac{[A]}{[A]_0} = -kt \tag{6}$$

$$k = \frac{-1}{t} \ln \frac{[A]}{[A]_0} \tag{7}$$

速度定数の計算

	t min	0	100	k
I	[A] mol/L	100	10	2.303×10^{-2} min^{-1}
II	[A] mol/L	100	1	4.606×10^{-2} min^{-1}

$$k_{\mathrm{I}} = \frac{-1}{100\,(\min)} \times 2.303 \times \log \frac{10\,(\mathrm{mol})}{100\,(\mathrm{mol})}$$
$$= 2.303 \times 10^{-2}\,(\min^{-1}) \tag{8}$$

$$k_{\mathrm{II}} = \frac{-1}{100} \times 2.303 \times \log \frac{1}{100}$$
$$= 4.606 \times 10^{-2}\,(\min^{-1}) \tag{9}$$

$\ln x = 2.303 \log x$ でーす

concept 53 — 活性化エネルギー

反応が起こるためには，出発系は遷移状態と呼ばれる高エネルギー状態を経由しなければならない．このために必要とされるエネルギーを活性化エネルギー E_a という．

Key word 遷移状態，アレニウスの式

遷移状態

炭素と酸素は反応して二酸化炭素となる．炭素と酸素に分かれている状態と，二酸化炭素になった状態のエネルギーを比べれば，二酸化炭素のほうが低エネルギーである．それでは，炭素と二酸化炭素は直ちに反応して二酸化炭素になるだろうか．そんなことはない．それでは炭屋さんは営業できない．

炭を燃やすためにはマッチで火をつけなければならない．**炭素と酸素の反応では，途中で特別の状態を経由すると考えられる．この状態を遷移状態 T という．遷移状態は出発系，生成系，いずれの状態よりも高エネルギー状態である．出発系と遷移状態のエネルギー差を活性化エネルギー E_a という．** このエネルギーを供給するため，マッチで火をつけるという操作が必要となる．

アレニウスの式

アレニウスは，反応速度を実験的に解析してアレニウスの式といわれる式 (1) を発見した．この式を対数形にすると式 (2) となる．式 (2) は**速度定数の対数と絶対温度の逆数が比例関係にある**ことを示している．温度 T_1 のときの速度定数を k_1，T_2 のときを k_2 とすると式 (2)，(3) となり，差をとると式 (4) となる．この式から活性化エネルギーを計算することができる．

活性化エネルギー

反応Ⅰの速度を 300 K と 310 K で比べたら 310 K で 2 倍になっていた．要するに温度を 10 度上げたら反応速度は 2 倍になった．一方，反応Ⅱでは 10 倍になった．このとき各々の活性化エネルギーを計算するとそれぞれ表の値になる．

これから**活性化エネルギーの大きい反応ほど，反応速度に与える温度の影響が大きい**ことがわかる．

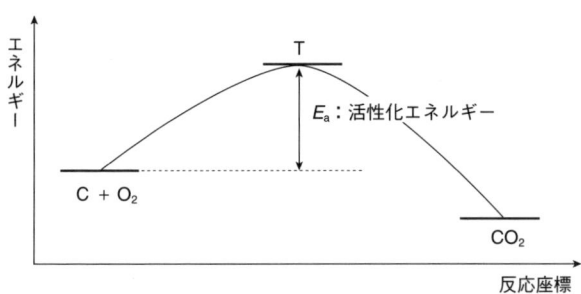

遷移状態

$$C + O{=}O \longrightarrow \overset{C}{\underset{O \cdots\cdots O}{\triangle}} \longrightarrow O{=}C{=}O$$

T：遷移状態

エネルギー／反応座標：$C + O_2$ → T（E_a：活性化エネルギー）→ CO_2

アレニウスの式

$$k = A\exp(-E_a / RT) \tag{1}$$

$$\ln k_1 = \ln A - \frac{E_a}{R}\frac{1}{T_1} \tag{2}$$

$$\ln k_2 = \ln A - \frac{E_a}{R}\frac{1}{T_2} \tag{3}$$

$$\ln \frac{k_1}{k_2} = -\frac{E_a}{R}\left(\frac{1}{T_1} - \frac{1}{T_2}\right) \tag{4}$$

活性化エネルギー

	T (K)	300	310	E_a
I	k (min^{-1})	1	2	53.6 kJ mol^{-1}
II	k (min^{-1})	1	10	178 kJ mol^{-1}

$$\text{I} \quad 2.303 \times \log\frac{1}{2} = -\frac{E_a}{8.3}\left(\frac{1}{300} - \frac{1}{310}\right)$$

$$\text{II} \quad 2.303 \times \log\frac{1}{10} = -\frac{E_a}{8.3}\left(\frac{1}{300} - \frac{1}{310}\right)$$

concept 54 半減期

出発物質の量が反応によって減少し，最初にあった量の半分に減るまでに要する時間を半減期という．

Key word 年代測定

半減期

　出発物質 A が，最初 100 g あったとしよう．反応が進行するにつれ，A は生成物 B に変化するのだから，A の量はだんだん減っていく．ある時間 $t_{1/2}$ たてば A の量は最初の半分，50 g に減ってしまう．この $t_{1/2}$ **を半減期という**．さらに半減期だけの時間がたったらどうなるか．A がなくなってしまうわけではない．50 g の半分の 25 g になり，さらに半減期だけたったら 12.5 g になるというわけである．

column 年代測定

　半減期が考古学で活躍している．何だろうと思うかもしれないが，年代測定である．土器の底についたもみがらはいったい何千年，あるいは何万年前のものだろう．このような疑問に答えてくれる．

　炭素には同位体として ^{14}C が含まれている．この ^{14}C は不安定で，やがて ^{14}N に変化するがこの反応の半減期が 5730 年である．すなわち，5730 年たつと ^{14}C の量は半分になるのである．

　生きているイネは炭酸同化作用によって空気中の二酸化炭素を取り込む．したがって生きているイネの ^{14}C 含有量は大気中の二酸化炭素と同じである．しかし，イネが刈り取られてもみとなると炭酸同化作用は停止する．そこから先は，もみの ^{14}C は減り続けることになる．もみ中の ^{14}C の量が空気中二酸化炭素ガス中の ^{14}C の半分だったとしたら，そのもみはちょうど半減期 5730 年前に刈り取られたことになるわけである．

　ただし，この方法には前提条件がある．それは大気中の二酸化炭素ガス中の ^{14}C 量は不変である，という条件である．実は，^{14}C はほかの原子核の核反応によって不断に供給され続けている．そのため，地球大気中の ^{14}C 濃度は常に一定であり続けたことが立証されている．

第8章◆反応速度

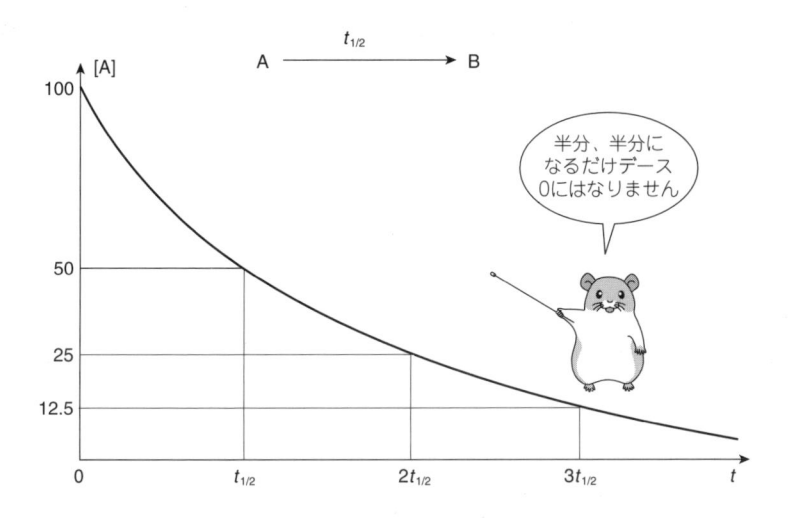

半減期

$$A \xrightarrow{t_{1/2}} B$$

半分、半分になるだけデース
0にはなりません

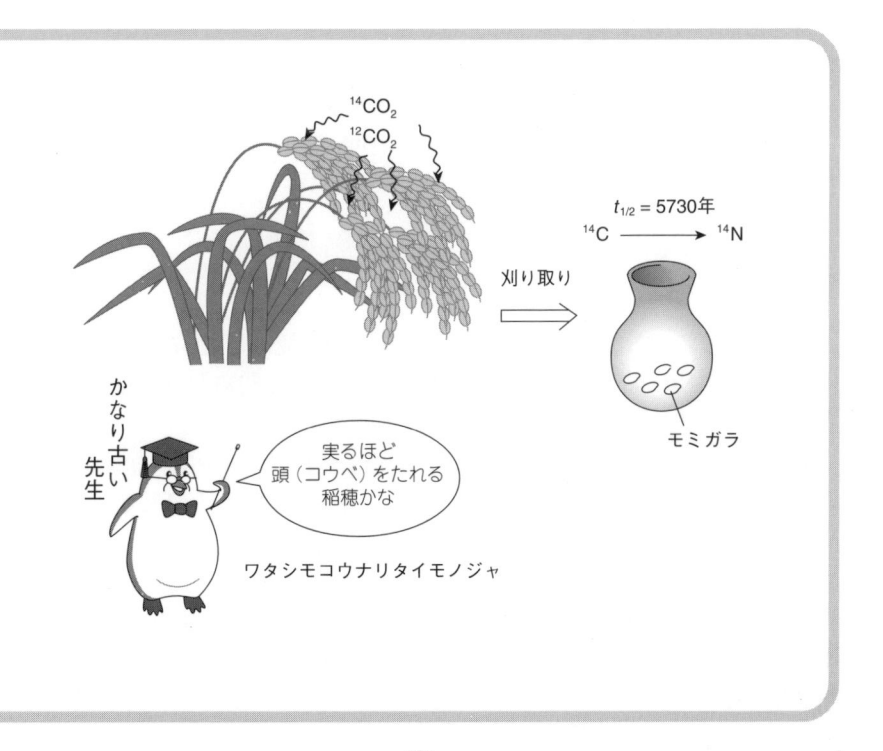

$t_{1/2} = 5730年$

$$^{14}C \longrightarrow {}^{14}N$$

モミガラ

かなり古い先生

実るほど
頭（コウベ）をたれる
稲穂かな

ワタシモコウナリタイモノジャ

concept 55 速度支配と平衡支配

ある平衡反応から 2 種類の生成物が生じるとき，反応速度の有利さから生じる生成物を速度支配生成物，エネルギー的な有利さから生成する生成物を平衡支配生成物という．

Key word 競争反応，平衡反応，標準自由エネルギー

平衡反応

出発物質 A は反応ⅠとⅡを同時に進行させ，B，C という 2 種の生成物を与える．このとき，反応ⅠとⅡを互いに競争反応という．反応機構を調べたところ，B，C いずれも A と平衡関係にあり，両反応はともに平衡反応であった．

この系のエネルギー関係は図のようであった．すなわち，最も安定な系は C であり，その次が B である．しかし，活性化エネルギーを比較すると，B に至る活性化エネルギー E_a^B のほうが，C に至るもの E_a^C より小さかった．

コンセプト 53 で見たように，活性化エネルギーの大小は反応速度の大小を意味する．このケースでは B を生成する反応が C を生成する反応より速い，すなわち，B のほうが速く生成することを意味する．一方，コンセプト 51 で明らかになったことは，平衡定数は両系の標準自由エネルギーの差，すなわち，両系の安定さによって決まるということであった．このケースでは C のほうがたくさんできるということである．

濃度関係

図はこの反応における各成分，A，B，C の濃度変化を表したものである．

反応（時間）の進行とともに出発物質 A は減り，生成物 B の濃度が高まる．これは B を生成する反応速度が大きいからである．

しかし，さらに時間がたつと，B の濃度は一転して減少に向かい，代わりに C の濃度が増加する．すなわち，ここで平衡が顔をだしてくるのである．やがて B は減って C が増え，最終的には C の濃度の大きいところで平衡状態となる．

B は反応速度的有利さから反応の初期段階で主生成物となり，C はエネルギー的有利さから最終段階で主生成物となる．B を速度支配生成物，C を平衡支配生成物という．

平衡反応

$$B \underset{}{\overset{I}{\rightleftarrows}} A \underset{}{\overset{II}{\rightleftarrows}} C$$

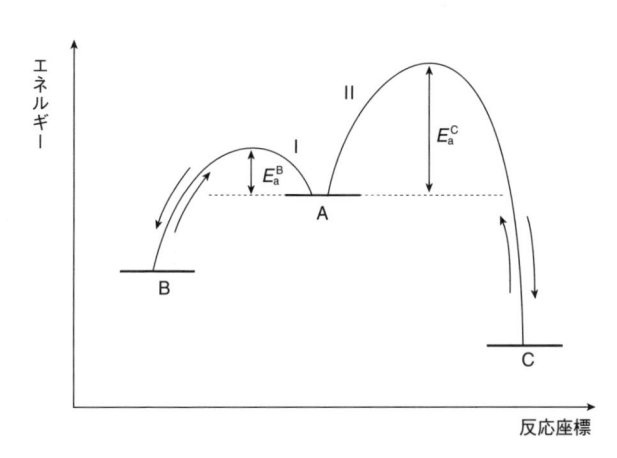

(エネルギー図：B → A の活性化エネルギー E_a^B、A → C の活性化エネルギー E_a^C、反応座標)

濃度関係

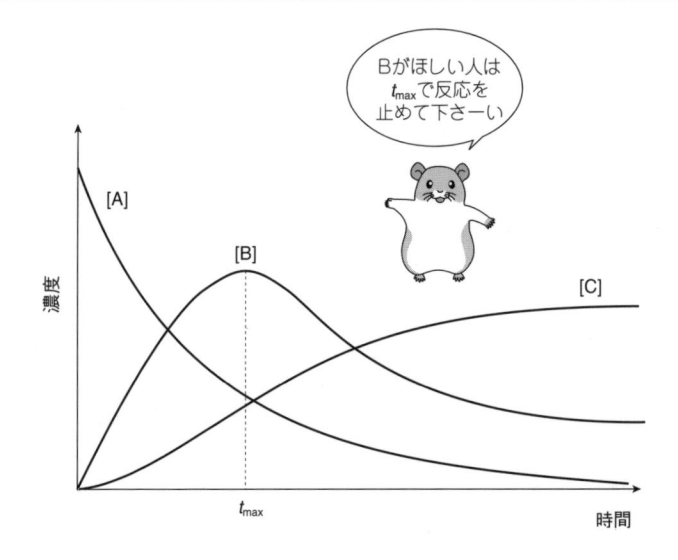

Bがほしい人は t_{max} で反応を止めて下さーい

(濃度 vs 時間のグラフ：[A]、[B]、[C]、t_{max})

column 律速段階

　いくつかの反応が順を追って進行する反応を逐次反応という．今，A が B になり（Ⅰ），さらに C を経て（Ⅱ）最終的に D になる（Ⅲ）逐次反応を考えてみよう．各々の反応に反応速度定数が定まり，固有の反応速度で進行する．

　A から B になる反応は非常に速く進行し，1 分で終了する．B から C になる反応は非常に遅くて 10 時間掛かり，C から D になるのはまた速くて 10 分で済んだとしよう．反応全体では 10 時間 11 分かかることになる．

　この一連の反応の反応時間，10 時間 11 分を決定しているのはほとんどが第Ⅱ段階の反応である．このとき，この反応段階を，全体の速度を律するという意味で律速段階と呼ぶ．簡単に言うと，**一連の反応で，最も遅い反応が律速段階である．**

$$A \xrightarrow[1分]{Ⅰ\ k_1} B \xrightarrow[10時間]{Ⅱ\ k_2} C \xrightarrow[10分]{Ⅲ\ k_3} D$$

律速段階

　化学の授業を考えてみよう．同じ授業を聞いていても，即座に理解して，一を知って十を悟る学生もいれば，慎重に？ゆっくりと，石橋をたたいて理解する？学生もいる．学生に優しい教師たるもの，すべての学生の理解を待って次の段階に進みたいものと考える．かくして，授業の進行ぐあいを決定するのはハム君ということになる．この場合，ハム君が授業の名誉ある？律速段階である．

即座に理解する学生　　　ゆっくり理解する学生　　　先生

第II部 無機化学

9章 酸と塩基

concept 56 — 酸，塩基

酸と塩基に関する定義には3種類ある．定義した人の名前をとって，アレニウスの定義，ブレンステッド・ローリーの定義，そしてルイスの定義である．

Key word　アレニウス，ブレンステッド・ローリー，ルイス，共役酸，共役塩基

アレニウスの定義

酸，塩基を H^+ と OH^- を使って定義する．
酸とは水溶液中で H^+ を出すものであり，塩基とは水溶液中で OH^- を出すものである．

なお，自分の中に OH^- を持ち，水に溶けて OH^- を出すものを特にアルカリということがある．したがってアルカリとは塩基の特殊な形である．

ブレンステッド・ローリーの定義

酸，塩基を H^+ のみで定義する．
酸とは H^+ を出すものであり，塩基とは H^+ を受け取るものである．

この定義に従えば，酸 HA が解離して H^+ と A^- になったとすると，A^- は H^+ を受け取って元の A に戻るのだから A^- は塩基ということになる．この意味で，A^- を A の共役塩基という．まったく同じ理由で A は A^- の共役酸ということになる．

水は H^+ を受け取って H_3O^+ になるので塩基であり，また H^+ を放出して OH^- になることもできるので塩基でもある，ということになる．

ルイスの定義

酸，塩基を非共有電子対のやりとり（授受）で定義する．
酸とは非共有電子対を受け取るものであり，塩基とは非共有電子対を供与するものである．

これはコンセプト 30 で明らかにした配位結合に関連した定義であり，無機化学の分野でよく使われる定義である．この定義によれば水は非共有電子対を持っているので塩基ということになる．

アレニウスの定義

酸　　$HCl \rightleftarrows H^+ + Cl^-$

塩基　$NH_3 + H_2O \rightleftarrows NH_4^+ + OH^-$

アルカリ　$NaOH \rightleftarrows Na^+ + OH^-$

ブレンステッド・ローリーの定義

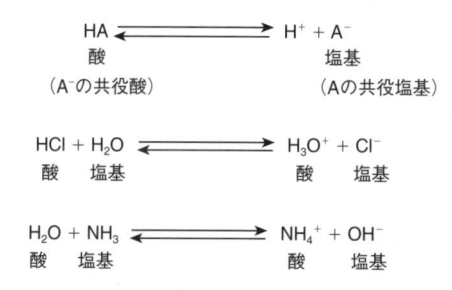

$$HA \rightleftarrows H^+ + A^-$$
酸　　　　　　塩基
（A^-の共役酸）　　（Aの共役塩基）

$$HCl + H_2O \rightleftarrows H_3O^+ + Cl^-$$
酸　　塩基　　　　酸　　塩基

$$H_2O + NH_3 \rightleftarrows NH_4^+ + OH^-$$
酸　　塩基　　　　酸　　塩基

ルイスの定義

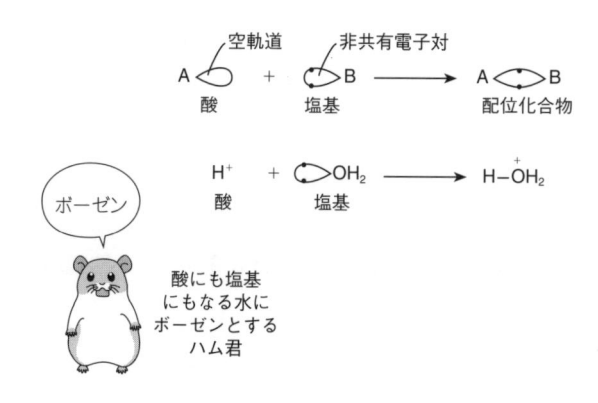

空軌道　　非共有電子対
A + B → A–B
酸　　塩基　　配位化合物

H^+ + OH_2 → $H-\overset{+}{O}H_2$
酸　　塩基

ボーゼン

酸にも塩基
にもなる水に
ボーゼンとする
ハム君

concept 57 硬い酸，柔らかい酸

酸，塩基には硬いものと柔らかいものがあり，硬いものは硬いものどうし，柔らかいものは柔らかいものどうしがよく反応する．この理論は，HSAB 理論（Hard and Soft Acids and Bases）ともいわれる．

Key word | HSAB 理論

硬いもの，柔らかいもの

1 個の原子や分子を手で触れることなどできようもないので，分子を相手に硬い，柔らかいといっても感覚的にわかりにくい．しかし実はそうでもない．

水素とヨウ素を考えてみよう．水素原子は原子核の周りに電子が 1 個しかない．水素は，電子 1 個分の貧弱な薄い T シャツのような電子雲を身につけているだけである．ヨウ素は 53 個の電子雲を持つ．分厚いフワフワの，ミンクのコートのような電子雲をまとっている．どちらが柔らかく感じるだろう．

電子を放出した陽イオンの電子雲は薄くなり，硬い．反対に電子を受け取った陰イオンの電子雲は厚くなり，柔らかい． HSAB 理論の，硬い柔らかいはこのような感覚である．ヨウ素の厚い電子雲は変形しやすい．これは電子雲に厚いところと薄いところができることを意味し，原子にプラス部分とマイナス部分ができる（極性構造）ことを意味する．柔らかいとはこのような意味を持つ．

相性

若者は T シャツが似合う．T シャツ派は T シャツ派でカップルを作る．ミンクのコートを召したオバサマにはカシミヤのダブルコートのオジサマが似合う．硬いものと柔らかいもののおつきあいでは，援助交際とまちがわれかねない．

かくして**硬い酸は硬い塩基とよく反応し，柔らかい酸は柔らかい塩基とよく反応する**という HSAB 理論が登場する．

分類

表に，いくつかの酸，塩基を硬いものと柔らかいものに分類して示した．最初に明らかにしたように，**大きい原子（多くの電子を持つ），陰イオン（電子を増やした）が柔らかく，小さい原子や陽イオンは硬いものとなる**．

硬いもの，柔らかいもの

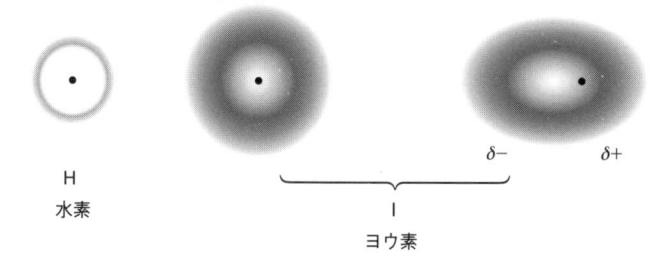

H
水素

I
ヨウ素

δ− δ+

相 性

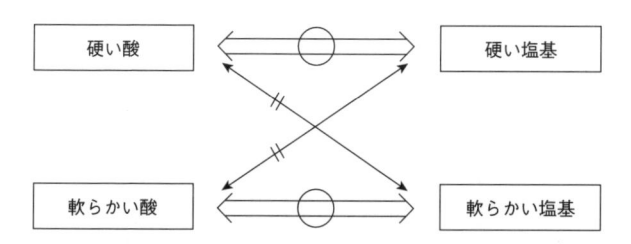

硬い酸 ⇔ 硬い塩基

軟らかい酸 ⇔ 軟らかい塩基

分 類

酸	硬い	H^+, BF_3, Mg^{2+}, Ca^{2+}, $AlCl_3$, SO_3
	中間	SO_2, $B(CH_3)_3$, 2価遷移金属イオン
	軟らかい	Cu^+, Cu^{2+}, BH_3, I_2
塩基	硬い	F^-, $R-NH_2$, O^{2-}, CO_3^{2-}, SO_4^{2-}, H_2O
	中間	NO_2^-, Br^-, アニリン, ピリジン,
	軟らかい	H^-, I^-, R_2S, S^{2-}, CN^-, CO, $S_2O_3^{2-}$

Tシャツ
ジーンズ
スニーカー

ミンクコート
ドレス
ハイヒール

チョウネクタイ
カシミヤ
ダブルコート
ズボン

concept 58 水素イオン指数（pH）

水素イオンの濃度の対数にマイナスを付けた数値を水素イオン指数（pH）という．0 から 14 まで変化し，値が小さいほど水素イオン濃度が高い（強酸性）．中性は 7 である．p は power（指数），H は水素イオンの略である．

Key word 酸性，中性，塩基性

水素イオン濃度

酸 HA が解離すると H^+ が発生する．溶液の酸性度がどれくらいかを測るには，溶液中の H^+ 濃度を測ればよい．H^+ 濃度は，リトマス試験紙などの試験紙あるいは測定機によって測ることができる．

H^+ 濃度の表示には，水素イオン指数（pH，ピーエイチ（英語読み），あるいはペーハー（ドイツ語読み））が用いられる．**pH は式 (1) に示したとおり，溶液中の H^+ 濃度の対数にマイナスをつけたものである．したがって pH の数値が小さい溶液ほど多くの H^+ を含むことになり，酸性が強い．**

対数であるから，pH が 1 違うと濃度は 10 倍違うことになる．すなわち pH が 1 大きくなると H^+ 濃度は 1/10，2 大きくなると 1/100 になることになる．

水の解離

純水はわずかだが H^+ と OH^- に解離している．**H^+ 濃度と OH^- 濃度の積を水のイオン積 K_W という．これは測定によると 10^{-14} $(mol/L)^2$ である．**中性の状態では H^+ 濃度と OH^- 濃度が等しいのだから，中性の H^+ 濃度は 10^{-7} mol/L となり，pH 7 となる．すなわち **pH は 0 から 14 まで変化し，中性状態は 7 である．**

pH

図に身近な物質のおよその pH を示した．

薄い塩酸はほぼ完全に解離するから，塩酸の 1 mol/L（3.5 %）溶液の H^+ 濃度は 1 mol/L となり，pH = 0 である．水酸化ナトリウムも完全解離なので 1 mol/L（4 %）溶液の OH^- 濃度は 1 mol/L となる．水のイオン積から，この状態での H^+ 濃度は 10^{-14} mol/L となるので pH 14 となる．

水素イオン濃度

$$HA \rightleftharpoons H^+ + A^+$$

$$pH = -\log[H^+] = \log\frac{1}{[H]} \tag{1}$$

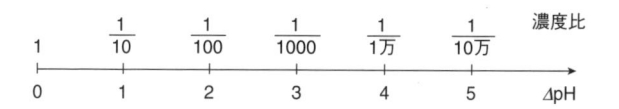

濃度比	1	$\frac{1}{10}$	$\frac{1}{100}$	$\frac{1}{1000}$	$\frac{1}{1万}$	$\frac{1}{10万}$
ΔpH	0	1	2	3	4	5

水の解離

$$H_2O \rightleftharpoons H^+ + OH^-$$

$$[H^+][OH^-] = 1.0 \times 10^{-14} \, (mol/L)^2 \tag{2}$$

中性で $[H^+] = [OH^-] = 1.0 \times 10^{-7} \, (mol/L)^2 \tag{3}$

$$pH = -\log(1.0 \times 10^{-7}) = 7 \tag{4}$$

水も電離シマース

pH

酸性　　　中性　　　塩基性

0　1　2　3　4　5　6　7　8　9　10　11　12　13　14

- 3.5% 塩酸 HCl
- 酢
- レモン
- ミカン
- しょうゆ
- スイカ
- 牛乳
- 純水
- 血液
- 涙
- せっけん
- 灰ｱｸ汁
- 4% 水酸化ナトリウム NaOH

58◆水素イオン指数（pH）

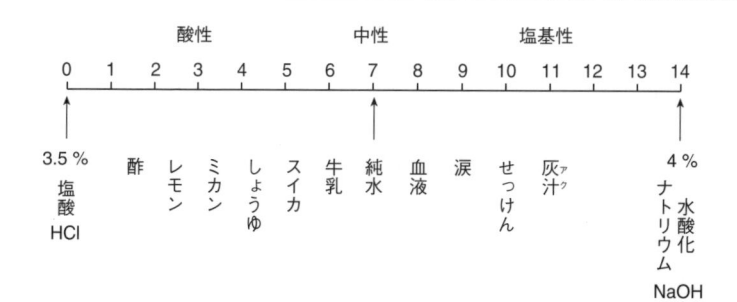

concept 59 — 酸解離定数（pK_a）

酸解離定数とは，酸が H^+ を放出する能力，すなわち酸の強弱を表すものである．数値が小さいものほど強い酸である．

Key word 塩基解離定数（pK_b），平衡定数，共役酸

酸の解離

酸 HA が解離して H^+ と A^- を生じたとき，この平衡反応の平衡定数 K_a を酸解離定数と呼ぶ．酸解離定数を表示するときには，pH と同様に，K_a の対数にマイナスをつけた pK_a（ピーケーエー）で表すことが多い．

酸の強度

pH は H^+ の濃度を表すものであるから，同じ酸の溶液でも濃度によって小さい pH（強い酸性溶液）になることも，大きい pH（弱い酸性溶液）になることもある．しかし，pK_a は酸に固有の数値であり，酸の強度を直接的に表すものである．すなわち，同じ濃度なら強い酸の溶液のほうが酸性度が強い．

pK_a の小さい物ほど反応 1 の平衡が右へ偏っていることになり，したがって強酸となる．図に酸の強弱と pK_a の関係を示した．塩酸，硝酸，硫酸は強酸であり，酢酸（CH_3CO_2H）やフェノール（C_6H_5OH）は弱酸である．興味深いのはリン酸である．解離するにつれて弱酸になってゆく．これは H_3PO_4 に比べて $H_2PO_4^-$ は分子にマイナス電荷がある分，水素原子を強く引きつけ，H^+ として外れるのを妨げるからである．

塩基の強弱

塩基の強弱を表すのには塩基解離定数（pK_b）が定義されているが，pK_aを用いて表すことが多くなっている．これは塩基 B の共役酸 BH^+ の pK_a を用いるものである．図に示したように共役酸 BH^+ が強酸だとしたらその（共役）塩基 B は H^+ と反応しにくいことになり，塩基としては弱いことになる．すなわち**（共役酸の）pK_a が大きいほど強塩基である**．

図にいくつかの塩基の強弱とその共役酸の pK_a を示した．実際には共役酸の pK_a とは断らないことが多いので，注意を要する．

酸の解離

$$HA \rightleftharpoons H^+ + A^- \quad \text{(反応1)}$$

$$K_a = \frac{[H^+][A^-]}{[HA]} \quad (1)$$

$$pK_a = -\log K_a \quad (2)$$

酸の強弱

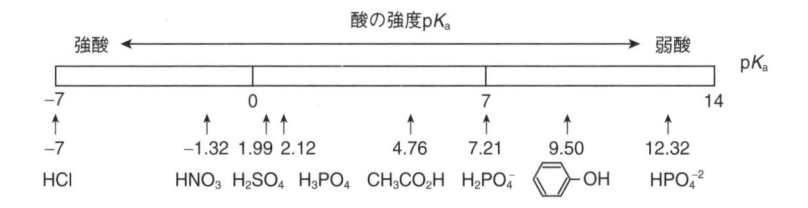

酸の強度 pK_a

強酸 ←　　　　　　　　　　　　　　　　　　　　→ 弱酸　　pK_a

| -7 | 0 | 7 | 14 |

- -7 : HCl
- -1.32 : HNO$_3$
- 1.99 : H$_2$SO$_4$
- 2.12 : H$_3$PO$_4$
- 4.76 : CH$_3$CO$_2$H
- 7.21 : H$_2$PO$_4^-$
- 9.50 : C$_6$H$_5$–OH
- 12.32 : HPO$_4^{-2}$

塩基の強弱

$$B + H^+ \rightleftharpoons BH^+ \quad \text{(反応2)}$$
共役酸

$$BH^+ \rightleftharpoons B + H^+ \quad \text{(反応3)}$$

BH$^+$が強酸 $\Longrightarrow$ Bは弱塩基

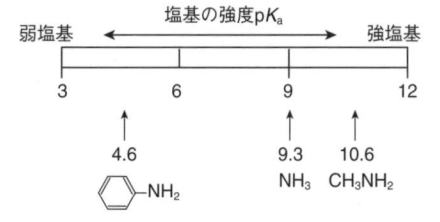

塩基の強度 pK_a

弱塩基 ←　　　　　　　　　　　→ 強塩基

| 3 | 6 | 9 | 12 |

- 4.6 : C$_6$H$_5$–NH$_2$
- 9.3 : NH$_3$
- 10.6 : CH$_3$NH$_2$

concept 60 — 中和

酸と塩基の反応を中和といい，その結果生じた水以外の生成物を塩という．

Key word：塩，正塩，酸性塩，塩基性塩

中和

　酸と塩基が反応することを中和という．塩酸と水酸化ナトリウムが反応すると水とともに食塩が生じる．この食塩を塩という．硫酸のように酸性水素原子を2個持つ酸は，2分子の塩基（水酸化ナトリウム）と2回にわたって中和反応を行う．**1回目の中和で生じた塩は酸性水素原子を持つので酸性塩と呼ばれ，2回目の中和で生じた塩は正塩と呼ばれる．**等モルの水酸化カルシウムと塩酸の中和で生じる塩は水酸基を持つので塩基性塩という．

塩

　酸と塩基の反応で生成する塩であるが，中性とはかぎらない．塩酸と水酸化ナトリウムのように，強酸と強塩基の反応で生じる塩（食塩）は確かに中性である．しかし，弱酸の酢酸と強塩基の水酸化ナトリウムから生じる塩，酢酸ナトリウムは塩基性である．また強酸の塩酸と弱塩基のアンモニアから生じる塩，塩化アンモニウムは酸性である．**このように弱酸と強塩基から生じた塩は塩基性であり，強酸と弱塩基から生じた塩は酸性である．**

column　中和滴定

　中和反応を用いて濃度未知の酸や塩基の濃度を知ることができる．
　濃度未知の HCl 100 mL を中和するのに，濃度 1 mol/L の NaOH 水溶液 10 mL を必要だったとしよう．
　反応式から 1 mol の HCl と 1 mol の NaOH が反応することがわかる．滴定に使った NaOH 溶液 10 mL 中の NaOH の量は 1 (mol) ×10 (mL) /1000 (mL) = 1/100 (mol) である．したがって，反応した HCl の量も 1/100 (mol) であり，これが 100 mL 中に存在したのだから 1 L 中にはその 10 倍の 1/10 (mol) 存在していたことになる．すなわち HCl 水溶液の濃度は 0.1 mol/L ということになる．

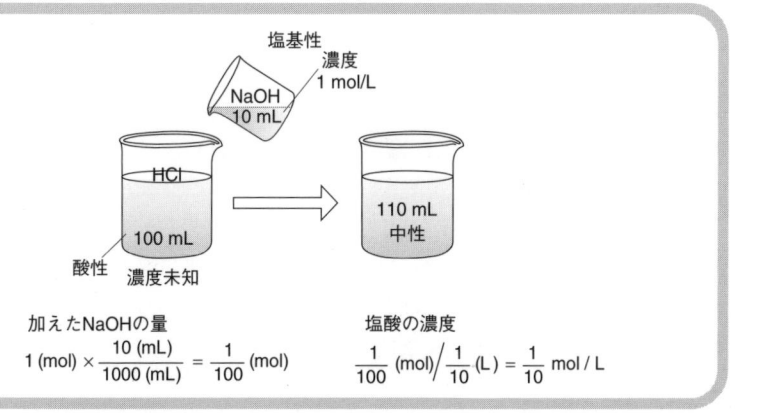

中　和

HCl	+	NaOH	⟶	NaCl	+	H_2O
酸		塩基		塩		水
H_2SO_4	+	NaOH	⟶	$NaHSO_4$	+	H_2O
				酸性塩		
$NaHSO_4$	+	NaOH	⟶	Na_2SO_4	+	H_2O
				正塩		
HCl	+	$Ca(OH)_2$	⟶	CaCl(OH)	+	H_2O
				塩基性塩		
HCl	+	CaCl(OH)	⟶	$CaCl_2$	+	H_2O
				正塩		

塩

CH_3CO_2H	+	NaOH	⟶	CH_3CO_2Na	+	H_2O
弱酸		強塩基		塩基性		
HCl	+	NH_3	⟶	NH_4Cl		
強酸		弱塩基		酸性		

塩基性
濃度 1 mol/L
NaOH 10 mL

HCl
100 mL
酸性
濃度未知

110 mL
中性

加えたNaOHの量
$1 \text{ (mol)} \times \dfrac{10 \text{ (mL)}}{1000 \text{ (mL)}} = \dfrac{1}{100} \text{ (mol)}$

塩酸の濃度
$\dfrac{1}{100} \text{ (mol)} \bigg/ \dfrac{1}{10} \text{ (L)} = \dfrac{1}{10} \text{ mol/L}$

concept 61 — 緩衝液

少々の酸や塩基を加えても pH の変化しない溶液を緩衝液という．生物体の体液は緩衝液になっている．

Key word 緩衝系，弱酸，弱塩基，塩

構成

緩衝液とは，大量の弱酸とやはり大量のその塩，もしくは大量の弱塩基とその塩を溶かした溶液のことである．

弱酸である酢酸とその塩，酢酸ナトリウムから構成される緩衝液について考えてみよう．酢酸の濃度を c_1，酢酸ナトリウムの濃度を c_2 としよう．酢酸は弱酸だからほとんど解離しない．したがって系内にある酢酸の濃度は c_1 である（反応 1）．反対に塩はほとんど完全に解離するから，酢酸イオン（$CH_3CO_2^-$）の濃度は c_2 である（反応 2）．

反応 1 を用いて酢酸の酸解離定数 K_a を求めると式 (1) となる．これから水素イオン濃度を求めると式 (2) となり，pH は式 (3) で与えられる．

作用

緩衝液の系に酸（H^+）を加えてみよう．系内にある酢酸イオンが H^+ と反応して酢酸となってしまう（反応 3）．すなわち H^+ は消えて，c_1 が増加するだけである．塩基（OH^-）を加えてみよう．酢酸が OH^- を吸収し，酢酸イオンとなる．ここでも c_2 は増えるが OH^- は消えている．すなわち，pH に直接影響する H^+，OH^- は姿を消してしまっている．

それでは増加した c_1，あるいは c_2 の影響はどうか．**緩衝液の構成は大量の酸（大きい c_1）と大量の塩（大きい c_2）からできていた．c_1，c_2 が少々増えたからといって大勢に影響はない（式 (4)）**．ということで，緩衝液の pH は不変のままである（式 (5)）ということになるわけである．

純水に酸を加えたら pH は直ちに低下して液性は酸性になる．しかし，緩衝液に少々の酸を加えても液性は変化しない．人間が梅干しを食べようと肉を食べようと，体液の pH をほぼ中性に保って健康な生活をしていられるのは，人間の体液が精密な緩衝系を構成しているからである．

構 成

$$CH_3CO_2H \;\underset{\longrightarrow}{\longleftarrow}\; CH_3CO_2^- \;+\; H^+ \quad \text{(反応1)}$$
$$c_1 \hspace{5em} 0 \hspace{3em} 0$$

$$CH_3CO_2Na \;\longrightarrow\; CH_3CO_2^- \;+\; Na^+ \quad \text{(反応2)}$$
$$0 \hspace{5em} c_2 \hspace{3em} c_2$$

$$K_a = \frac{[CH_3CO_2^-][H^+]}{[CH_3CO_2H]} \tag{1}$$

$$[H^+] = K_a \frac{[CH_3CO_2H]}{[CH_3CO_2^-]} = K_a \frac{c_1}{c_2} \tag{2}$$

$$pH = pK_a + \log\frac{c_2}{c_1} \tag{3}$$

作 用

H^+を加える $\quad CH_3CO_2^- + H^+ \longrightarrow CH_3CO_2H \hspace{3em} c_1$ 増加 (反応3)

OH^-を加える $\quad CH_3CO_2H + OH^- \longrightarrow CH_3CO_2^- + H_2O \quad c_2$ 増加 (反応4)

$$\frac{c_2\,(大量)}{c_1\,(大量)} \;\fallingdotseq\; \frac{c_2\,(大量) \pm c_2\,(少量)}{c_1\,(大量) \pm c_1\,(少量)} \tag{4}$$

$$pH = pK_a + \log\frac{c_2\,(大量)}{c_1\,(大量)} : 不変 \tag{5}$$

純水 pH低下

緩衝液 pH変化せず

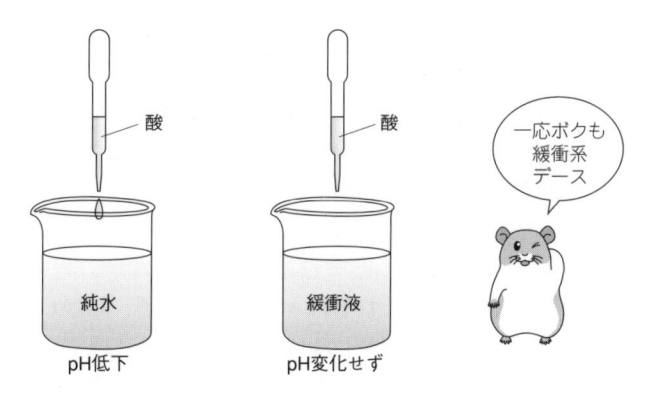

一応ボクも緩衝系デース

10章 酸化, 還元

concept 62 酸化数

分子を作っている原子の荷電の数を酸化数という. 水素, 酸素の酸化数をそれぞれ原則的に +1, -2 とし, 単体を作っている原子の酸化数を 0 とする. 中性分子の酸化数の合計を 0 として, 各原子に酸化数を割り振る.

Key word | 酸化, 還元, 荷電, 電気陰性度, 結合電子

酸化数

酸化数は厳密性に欠ける考えではあるが, 酸化, 還元反応などを考えるときには便利なものであり, 一般的に使われている考えである. 酸化数は原子の荷電数と似ているが, 荷電のない共有結合化合物に対しても定義される.

酸化数の決め方

酸化数は次のルールに従って決められる.

1 単体を構成する原子の酸化数は 0 である.

水素分子 H_2, 酸素分子 O_2 を構成する水素, 酸素原子, あるいは黒鉛やダイヤモンドを構成する炭素原子の酸化数は 0 となる.

2 イオンを構成する原子の酸化数は, その原子の価数とする.

H^+ の H の酸化数は +1 であり, F^- の F の酸化数は -1 である. NaCl 中の Na の酸化数は +1 であり, Cl の酸化数は -1 である. Fe^{2+}, Fe^{3+} における Fe の酸化数はそれぞれ +2, +3 である.

3 共有結合化合物を構成する原子の酸化数は, 結合電子対の電子がすべて電気陰性度の大きい原子に移動したとして, 2 に従って考える.

NaH の 2 個の結合電子は H へ移動すると考える. したがって H は 2 個の電子を持つことになり, 中性状態より 1 個増えたので酸化数 -1. Na は +1 となる. ClF では電気陰性度の大きい F が -1 となる.

4 H, O の酸化数はそれぞれ +1, -2 となる. しかし例外もある.

3 で見たように NaH の H は -1 である. H_2O_2 の O は -1 である.

5 塩や中性の分子では, 各原子の酸化数の総和は 0 となる.

H_2SO_4 では H の酸化数は +1, 酸素の酸化数は -2 である. したがって S の酸化数は +6 となる.

規則1　単体は0

H_2：H(0)　　　O_2：O(0)

Fe金属：Fe(0)　　S_8：S(0)

規則2　イオンは価数

Cu^{2+}：Cu(+2)　　　$Cu(OH)_2$：Cu(+2)

$FeCl_3$：Fe(+3)　　　$FeCl_2$：Fe(+2)

規則3　電気陰性度の大きいほうが電子対を取る

電気陰性度　0.9　2.2
NaH：　　　Na：H　$\Longrightarrow$　Na(+1)　H(−1)

ClF：　Cl(+1)　F(−1)

規則4　H(+1)とO(−2)が基準

H(+1), O(−2)を基準とする

例外　　NaH：H(−1)　　H_2O_2：O(−1)

規則5　中性分子では酸化数の総和は0

H_2SO_4：H(+1), O(−2)　　　∴　$2 - 2 \times 4 + X = 0$　　　$X = 6$：S(+6)

$KMnO_4$：K(+1), O(−2)　　　∴　$1 - 2 \times 4 + X = 0$　　　$X = 7$：Mn(+7)

$Cr_2O_7^{2-}$：O(−2)　　　　　∴　$-2 \times 7 + 2X = -2$　　　$X = 6$：Cr(+6)

$NaHCO_3$：Na(+1), H(+1), O(−2)　∴　$1 + 1 - 2 \times 3 + X = 0$　　$X = 4$：C(+4)

便利な数値デスヨ

concept 63 — 酸化・還元

原子の酸化数が増えたとき，その原子は酸化されたという．反対に酸化数が減ったときは還元されたという．

Key word　酸化数，酸化した，酸化された，還元した，還元された

"した" と "された"

　酸化，還元が難しいとしたら，その責任の半分は日本語にある．日本語における他動詞，自動詞，能動と受動の不確かさが酸化，還元をわかりにくくしている．
　①：（酸素は）鉄を酸化してさびにした．　　　酸化する：他動詞：能動
　②：鉄は酸化してさびになった．　　　　　　酸化する：自動詞
　この 2 種類の文章が平然と使われている所では，酸化，還元の正しい理解はおぼつかない．②を次のように言い換えることにする．
　②：鉄は（酸素によって）酸化されてさびになった．酸化する：他動詞：受動
　本書では，日本語としては硬くて美しくはないが，酸化還元にかぎって，もっぱら他動詞として用いることにし，必ず（何によって）酸化された（還元された），あるいは（何を）酸化した（還元した）という言い方をすることにする．

酸化された・還元された

　原子が酸化されるとは，自分の酸化数が増えることである．酸化数が増えるためには次のどれかの反応が起きればよい．
　a：O と結合する：酸化数が 2 増える．
　b：H を放出する：酸化数が 1 増える．
　c：電子を放出する：酸化数が 1 増える．
　原子が還元されるとは，自分の酸化数が減ることである．そのためには次のどれかが起きればよい．
　a：O を放出する：酸化数が 2 減る．
　b：H と結合する：酸化数が 1 減る．
　c：電子を受け取る：酸化数が 1 減る．
　このように，酸化，還元は酸素，水素，電子，この三つを使って表現することができる．

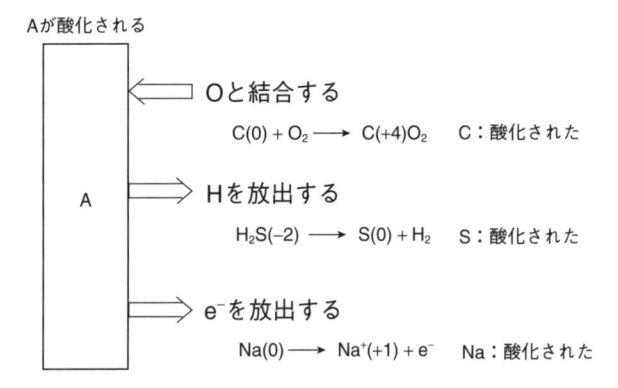

酸化される

Aが酸化される

A → Oと結合する
$C(0) + O_2 \longrightarrow C(+4)O_2$　C：酸化された

A → Hを放出する
$H_2S(-2) \longrightarrow S(0) + H_2$　S：酸化された

A → e^-を放出する
$Na(0) \longrightarrow Na^+(+1) + e^-$　Na：酸化された

還元される

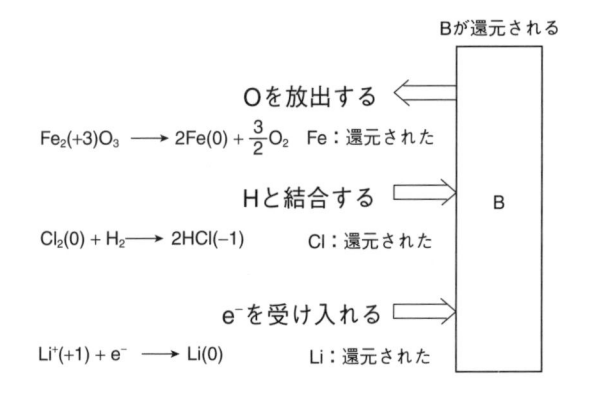

Bが還元される

Oを放出する ← B
$Fe_2(+3)O_3 \longrightarrow 2Fe(0) + \frac{3}{2}O_2$　Fe：還元された

Hと結合する → B
$Cl_2(0) + H_2 \longrightarrow 2HCl(-1)$　Cl：還元された

e^-を受け入れる → B
$Li^+(+1) + e^- \longrightarrow Li(0)$　Li：還元された

> 酸化・還元って，プレゼント（酸素）をもらう．（酸化される），あげる（還元される）と同じことなんだよね

63◆酸化・還元

concept 64 酸化剤・還元剤

相手を酸化する（相手の酸化数を増大させる）ものを酸化剤という．反対に相手を還元する（相手の酸化数を減少させる）ものを還元剤という．

Key word 酸化，還元

酸化する，還元する

この本質は，コンセプト63で考えたことの逆である．

図はコンセプト63の二つの図を合成したものである．AとBの間で酸素，水素，あるいは電子が矢印に従って移動している．コンセプト63に従えば，Aは酸化されており，Bは還元されていることになる．図から明らかなとおり，BからAに酸素が移動すれば，酸素を受け取ったAは酸化され，その酸素を放出したBは還元されたことになる．このように，**酸化と還元は常にセットになって進行する**．

さて，この関係を酸素の授受で見てみれば，AがBの酸素を受け取ったのでBは還元されたことになる．そうすれば，AはBを還元したことになるので，Aは還元剤となる．この反応を逆に見れば，BがAに酸素を供給したのでAは酸化されたことになり，BはAを酸化したのだから酸化剤ということになる．

このように**酸化剤，還元剤とは酸素，水素，電子の授受を行って相手の酸化数を変化させることのできるもの**のことをいう．

酸化剤・還元剤

酸化剤，還元剤のいくつかの例を図に示した．

CとO_2が反応してCO_2となる例では，Cの酸化数は0から+4に増加しているのでCは酸化され，一方Oの酸化数は0から-2に減少して還元されている．したがって，Cは還元剤，Oは酸化剤として働いている．

Cl_2とH_2からHClができる反応ではClは還元され，Hは酸化されているのでCl_2は酸化剤，H_2は還元剤として働いている．

NaOがNa^+になる反応ではNaは電子を放出しているのでNaは還元剤として働いている．

H_2O_2が分解する例ではO_2が発生しているのでH_2O_2は酸化剤である．

酸化する・還元する

Aが酸化された　　　　　　　　Bが還元された

```
        ← Oが移動
   A                    B
   還                   酸
   元    Hが移動 →      化
   剤                   剤
        e⁻が移動 →
```

Bを還元した　　　　　　　　　Aを酸化した

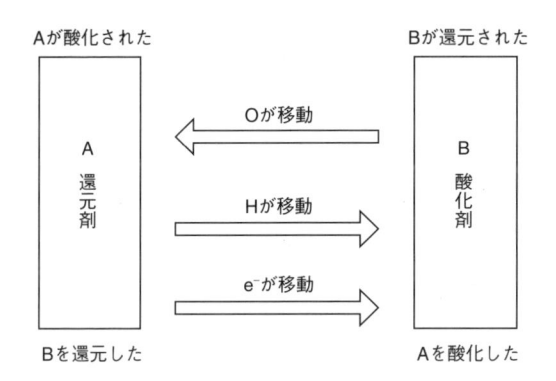

酸化剤・還元剤

	酸化剤	還元剤
定義	相手の酸化数を増大させるもの	相手の酸化数を減少させるもの
反応	a：相手に酸素を与えるもの b：相手から水素を奪うもの c：相手から電子を奪うもの	a：相手から酸素を奪うもの b：相手に水素を与えるもの c：相手に電子を与えるもの

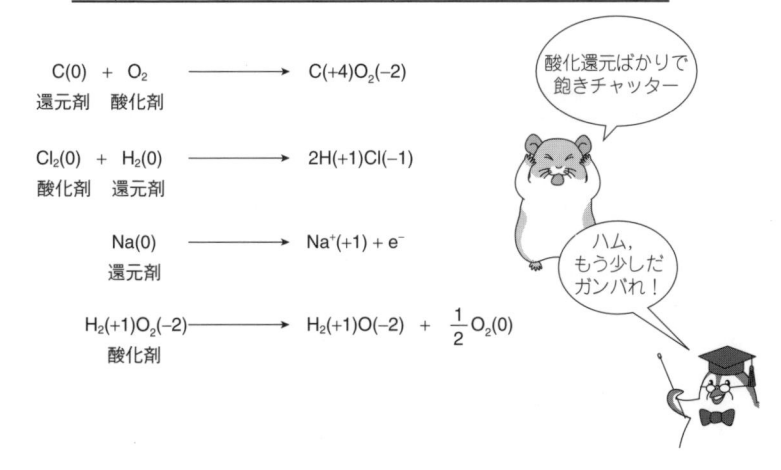

$C(0) + O_2 \longrightarrow C(+4)O_2(-2)$
還元剤　酸化剤

$Cl_2(0) + H_2(0) \longrightarrow 2H(+1)Cl(-1)$
酸化剤　還元剤

$Na(0) \longrightarrow Na^+(+1) + e^-$
還元剤

$H_2(+1)O_2(-2) \longrightarrow H_2(+1)O(-2) + \frac{1}{2}O_2(0)$
酸化剤

> 酸化還元ばかりで飽きチャッター

> ハム、もう少しだガンバレ！

concept 65 イオン化傾向

金属は電子を放出して陽イオンになる性質がある．この性質の強弱に従って金属元素を並べた順序をイオン化傾向という．イオン化傾向の大きいものは陽イオンになりやすい．

Key word イオン，水和，吸熱，発熱

イオン化傾向

硫酸銅（$CuSO_4$）の水溶液に亜鉛版（Zn）を浸すと，亜鉛は発熱を伴って溶けだし，亜鉛板上に金属銅が析出する．これは反応式に示したように，Cu^{2+} と Zn^0 が反応して Cu^0 と Zn^{2+} が生成したものであり，Cu^0 より Zn^0 のほうが陽イオンになりやすいためである．硫酸銅溶液に白金 Pt を浸しても何の変化も起きない．これは白金が陽イオンになりにくいためである．

これから，陽イオンになるなりやすさは Zn > Cu > Pt であることがわかる．**各種の金属に対して陽イオンになるなりやすさの順序に従って並べたものをイオン化傾向という．**覚え方まで書くのは本意ではないが例を示しておこう．

カネ（K）カ（Ca）ソウ（Na）マ（Mg）ア（Al）ア（Zn）テ（Fe）ニ（Ni）スル（Sn）ナ（Pb）ヒ（H）ド（Cu）ス（Hg）ギル（Ag）ハク（Pt）キン（Au）

（金貸そう，まあ，当てにするな，ひどすぎる借金）

column イオン化

金属がどのような機構によってイオン化するのかを考えてみよう．コンセプト 42 で明らかにした固体の溶解とよく似た機構で進行する．

①まず金属結晶がバラバラになって中性の金属原子になり，
②次に原子が電子を放出して陽イオンとなり，
③最後に陽イオンが水分子に水和されて安定化する．

このうち，①，②の過程は吸熱反応であり，最後の③が発熱反応となる．この各段階のエネルギーには金属原子の結晶の堅固さ，イオン化エネルギーの大小（コンセプト 18），水和しやすさなどが関係し，そのため，イオン化しやすいものと，しにくいものの差が生じるのである．

イオン化傾向

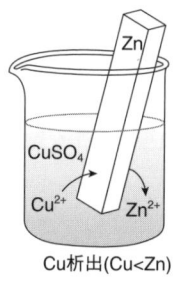

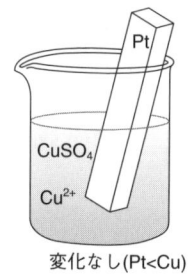

Cu析出(Cu<Zn)　　　変化なし(Pt<Cu)

$Cu^{2+} + Zn \longrightarrow Cu + Zn^{2+}$

K > Ca > Na > Mg > Al > Zn > Fe > Ni > Sn > Pb > H > Cu > Hg > Ag > Pt > Au

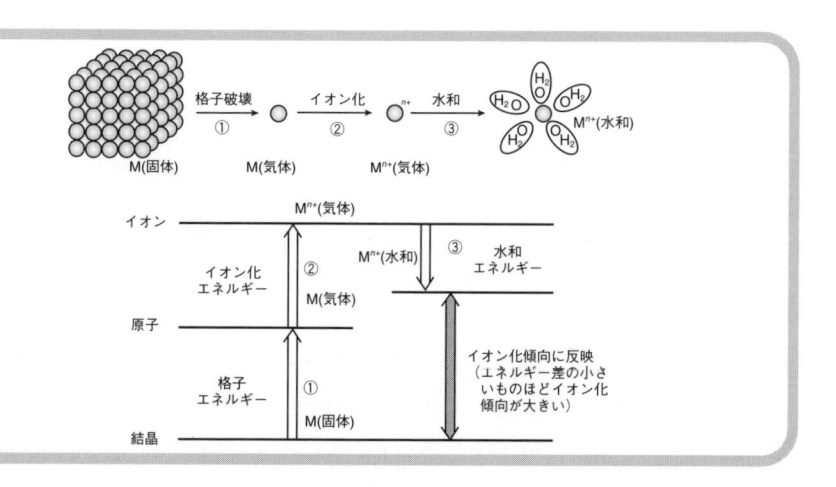

大 ←　　　　　　　　　　　　　　　　　　　　　　　　　　　　　　　　　　→ 小

イオンになりやすい　　　イオン化傾向　　基準　　イオンになりにくい

格子破壊 ① → イオン化 ② → 水和 ③

M(固体) → M(気体) → M^{n+}(気体) → M^{n+}(水和)

イオン: M^{n+}(気体)

イオン化エネルギー ②

原子: M(気体)

M^{n+}(水和)　水和エネルギー ③

格子エネルギー ①

結晶: M(固体)

イオン化傾向に反映
(エネルギー差の小さいものほどイオン化傾向が大きい)

65◆イオン化傾向

concept 66 電池

二種の金属の間で酸化還元反応が起こると電子移動が起きる．このとき移動する電子が，外部回路を経由して流れるようにした装置を電池という．

Key word イオン化傾向，電流，正極，負極，ボルタ電池

滞留電子数

希硫酸溶液に亜鉛板（Zn）と銅板（Cu）を浸す．Zn のほうがイオン化傾向が大きいから，希硫酸中に溶け出す割合は Zn のほうが多い．金属が陽イオンとして溶け出せば金属板には電子が残る．したがって，**銅板上より亜鉛板上に，多くの電子 e⁻ が滞留していくことになる**．

電池

亜鉛板と銅板を導線で結んだらどうなるだろうか．

亜鉛板にたまっていた電子は銅板に流れていく．これは銅板から亜鉛板に電流が流れたことを意味する（電流の向きは，電子の流れの向きの反対とするという規則に従う）．

すなわち，電池が誕生したわけである．

これは 1800 年，イタリアの物理学者で化学者の A. ボルタが発明した人類初の電池，ボルタ電池である．当時はこの起電力 1.1 V の電池を用いて電気化学の基礎的実験などが行われたもので，歴史的に大きな意義を持つ電池である．

電極反応

電子を放出するほうを負極（Zn），受け取るほうを正極（Cu）として，実際に起こる反応を図に示した．亜鉛板からは Zn が溶解して Zn^{2+} として溶液中に出て行くが，電子が流れてきた銅板で電子を受け取るのは Zn^{2+} ではなく H^+ である．これは Zn より H のほうがイオン化傾向が小さいからである．この正極で水素ガスを発生することがボルタ電池の欠点であった．**水素が電離することによって正極上に電子がたまり，電池本体の電流とは逆向きの電流が生じてしまうのである．このような現象を分極という**．やがて，ダニエル電池が開発され，ボルタ電池の欠点を克服していくことになる．

電池

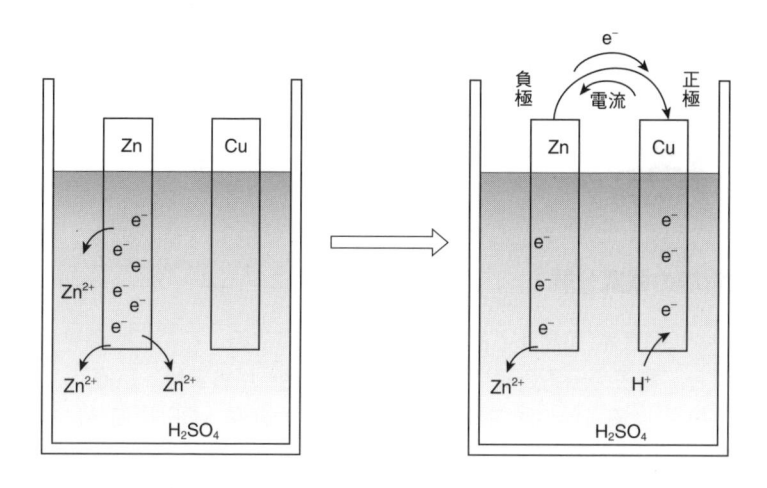

電極反応

負極　　$Zn \longrightarrow Zn^{2+} + 2e^-$

正極　　$2H^+ + 2e^- \longrightarrow H_2$

$(-)Zn \mid H_2SO_4 \mid Cu(+)$　　1.1 V

分極　　$H_2 \longrightarrow 2H^+ + 2e^-$

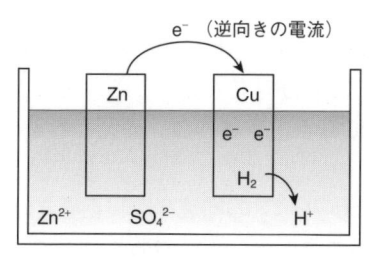

最も基本的な電池デース

concept 67 — 電気分解

イオン化合物に電流を流し，陰陽両イオンを中性の分子として分離することを電気分解という．1 mol の 1 価イオンを中性にするのに要する電気量は 96500 C/mol（C：クーロン）である．これをファラデー定数（F）という．

Key word ファラデー，クーロン

溶融食塩の電気分解

食塩を 800 ℃に加熱すると融けてどろどろになる．ここに電極を入れて電気を流すと，電子の出る負極には陽イオンの Na^+ が集まり，正極には Cl^- が集まる．Na^+ は電極から電子をもらって電荷を中和し，Cl^- は電極に電子を与えて中和し，いずれも中性の原子（分子）となる．

1 mol のイオンを中和するのに必要な電流は 96500 C である．電流は正負（電子と陽電子）が一体となったものと考えられる．すなわち，96500 C の電流は 1 mol の電子と 1 mol の陽電子とを含んだものと考えられる．電子は負極で陽イオンを中和し，陽電子は正極で陰イオンを中和する．

すなわち，溶融食塩に 96500 C の電流を流すと，負極には金属ナトリウム Na が 1 mol，陰極には塩素ガス Cl_2 が 0.5 mol（塩素原子 Cl として 1 mol）生じることになる．

食塩水の電気分解

食塩水の電気分解は溶融食塩の場合とは異なる．

食塩水の中に存在するイオンは Na^+，Cl^- のほかに，水の電離によって生じた H^+ と OH^- が存在する．すなわち負極で電子を受け取ることのできる陽イオンとして Na^+ と H^+ の 2 種が存在する．この場合には**イオン化傾向の小さいほうが原子に戻ることになる．すなわち，還元されるのは Na^+ ではなく，H^+ である**．

したがって食塩水に 96500 C の電流を流して電気分解すると負極からは水素ガス，陽極からは塩素ガスがそれぞれ 0.5 mol ずつ発生することになる．

このように，溶液の電気分解では溶質だけでなく，溶媒も反応に関与してくる．

溶融食塩

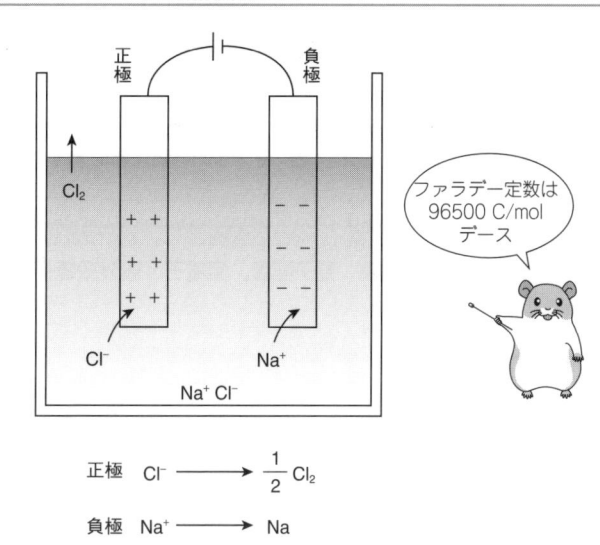

ファラデー定数は 96500 C/mol デース

正極　$Cl^- \longrightarrow \dfrac{1}{2} Cl_2$

負極　$Na^+ \longrightarrow Na$

食塩水

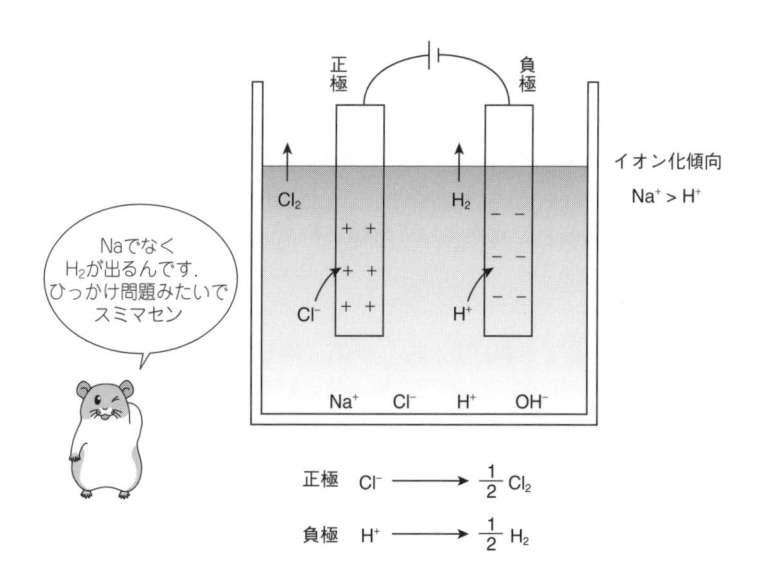

イオン化傾向

$Na^+ > H^+$

NaでなくH₂が出るんです．ひっかけ問題みたいでスミマセン

正極　$Cl^- \longrightarrow \dfrac{1}{2} Cl_2$

負極　$H^+ \longrightarrow \dfrac{1}{2} H_2$

67◆電気分解

11章 無機化合物

concept 68 典型元素

周期表の第 1, 2, 3 族および 12 ～ 18 族の元素を典型元素という．典型元素の価電子は最外殻の s, p 軌道に入る．イオンの価数は族によってほぼ一定している．

Key word｜周期表，電子配置，価電子，最外殻電子

電子配置

原子を構成する電子はエネルギーの低い軌道から順に詰まっていく（コンセプト 16）．量子数（コンセプト 12）が n の軌道について考えれば，まず s 軌道に 1 個，次に 2 個目，その次には p 軌道に 1 個，という順に入っていき，最終的に s 軌道に 2 個，p 軌道に 6 個入って満杯の閉殻構造になる．

典型元素

原子番号の増加につれて増えた電子が s 軌道，あるいは p 軌道に入っていく原子を典型元素という．図の周期表を見てみよう．電子が新たに入っていく軌道と，その軌道に電子が何個入っているかを示した．第 1, 2 族では s 軌道にそれぞれ 1, 2 個入る．第 13 から 18 族では p 軌道に 1 個から 6 個入る．したがって，第 1, 2 族および第 13 ～ 18 族が典型元素ということになる．なお，第 12 族も典型元素として分類されている．

性質

典型元素は，族が変わると性質が変化し，一方，同じ族の元素は互いに似た性質を持つ．

イオンの価数では，1 族は +1 価，2 族は +2 価と，周期表の下に示した価数を取る傾向が強い．1, 2, 16, 17 族など，周期表の両端の元素はイオンになりやすいが，13, 14, 15 族などはイオンになりにくいか，あるいは複数の価数を取ることがある．

これは典型元素の価電子が最外殻に入っているため，価電子の変化が直接的に原子の性質となって現れるためである．

電子配置

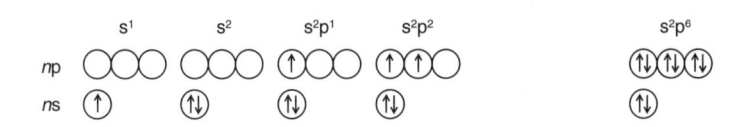

	s^1	s^2	s^2p^1	s^2p^2		s^2p^6
np	○○○	○○○	↑○○	↑↑○		↑↓↑↓↑↓
ns	↑	↑↓	↑↓	↑↓		↑↓

典型元素

族番号	1	2	3	4	5	6	7	8	9	10	11	12	13	14	15	16	17	18
種類	←典型元素→		←──────── 遷移元素 ────────→										←──── 典型元素 ────→					
軌道名*1	← s →		←──────── d または f ────────→										←──── p ────→					
電子数*2	1	2	1	2	3	5	5	6	7	8	10	10	1	2	3	4	5	6
周期 1	H																	He
周期 2	Li	Be											B	C	N	O	F	Ne
周期 3	Na	Mg											Al	Si	P	S	Cl	Ar
周期 4	K	Ca	Sc	Ti	V	Cr	Mn	Fe	Co	Ni	Cu	Zn	Ga	Ge	As	Se	Br	Kr
周期 5	Rb	Sr	Y	Zr	Nb	Mo	Tc	Ru	Rh	Pd	Ag	Cd	In	Sn	Sb	Te	I	Xe
周期 6	Cs	Ba	La	Hf	Ta	W	Re	Os	Ir	Pt	Au	Hg	Tl	Pb	Bi	Po	At	Rn
周期 7	Fr	Ra	Ac															
電荷	+1価	+2価	複雑									+2価	+3価	/	-3価	-2価	-1価	/

La：ランタノイド　　Ac：アクチノイド

*1：電子が新たに入ってゆく軌道
*2：*1の軌道に入っている電子数

価電子と最外殻電子

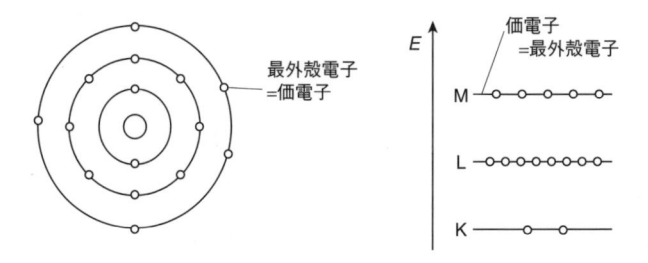

最外殻電子＝価電子

価電子＝最外殻電子

concept 69 遷移元素

周期表の第 3 から 11 族までを遷移元素という．遷移元素では，族ごとの性質の変化が明確でなく，イオンの価数も複数の価数をとることが多い．

Key word 軌道エネルギー，d 軌道

軌道エネルギー準位

図は軌道エネルギーが，原子番号によってどのように変化するかを示したものである．特徴が二つある．**一つは，エネルギーを表す曲線が右下がりになっている**．これは図で右へいくと原子番号が大きくなり，原子核の電荷数が増えるから，電子が受けるクーロン力が大きくなって安定化するためである．

二つ目は，図の A の線に沿って下から見ていくと，軌道が 1s → 2s → 2p → 3s → 3p → 4s → 3d となっていることである．4s と 3d の準位が逆転している．

遷移元素

上で見たエネルギー順序逆転のため，第 4 周期では 4s 軌道に 2 個の電子が入った後は，新たに増えた電子（価電子）は量子数が一つ小さい（4 − 1）3d 軌道に入っていく．このように**新たに増えた電子が d 軌道（第 4，5 周期）もしくは f 軌道（第 6，7 周期）に入る元素を遷移元素という**．

これは，遷移元素においては，最外殻電子は ns 電子のままであることを意味する．第 3 族から入り始めた d 電子数は第 12 族で 10 になり，d 軌道は満杯になる．

性質

原子の性質は最外殻電子によって大きく影響される．**遷移元素においては，価電子は最外殻に入らず，内側の内殻軌道に入る**．これは遷移元素では，価電子は原子の性質にあまり影響しないことを意味する．

d 電子数を見ればわかるとおり，d 軌道への電子の詰まり方は不規則であり，そのため，遷移元素のとる電荷数は複雑なものとなる．また，各族ごとの性質の相違も不明確なものとなる．

軌道エネルギー

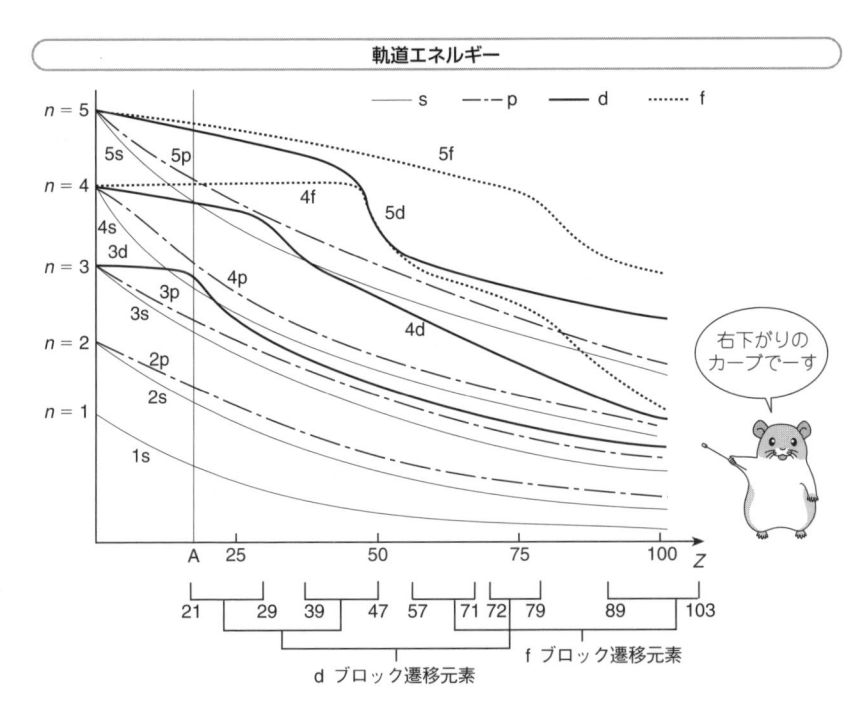

[齋藤勝裕，絶対わかる無機化学，p.19, 図2-2, 講談社(2003)]

d ブロック遷移元素: 21～29, 39～47, 57～71, 72～79, 89～103
f ブロック遷移元素

電子配置

ns
$(n-1)d$

価電子と最外殻電子

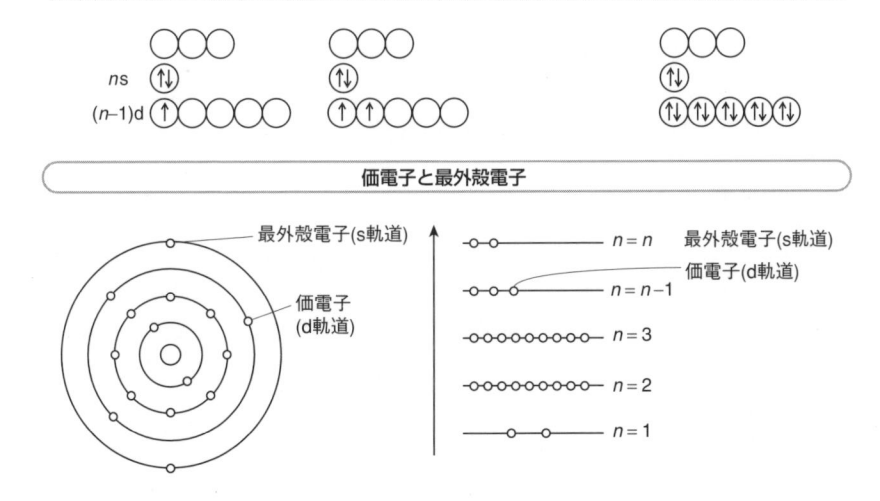

最外殻電子(s軌道)
価電子(d軌道)

$n = n$ 最外殻電子(s軌道)
$n = n-1$ 価電子(d軌道)
$n = 3$
$n = 2$
$n = 1$

右下がりのカーブでーす

143 69◆遷移元素

concept 70 伝導性

電気伝導は電子の移動によって起こる．物質中を電子が通る通りやすさを表す尺度を伝導性という．ある種の金属を冷却すると電気抵抗が下がり，臨界温度に達すると抵抗値が0になる．この現象を超伝導という．

Key word｜イオン，自由電子，超伝導，臨界温度，フェルミ面

イオン伝導

食塩などの電解質を溶かした水溶液は電気伝導性を持つ．このような溶液中では電子は電解質のイオンによって水中を移動する．氷の中では物質の移動はできない．しかし，氷は伝導性を持つ．このような系では水分子の結合の組み替えが起こっていると考えられる．図ではO-H結合の組み替えによって電子が左上から右下方向へ移動するようすを示した．

金属伝導

金属は電気の良導体である．金属中で移動するのは，金属を結合させている自由電子である．**自由電子は金属原子の間を移動するが，金属原子の熱振動が通行を阻害する．熱振動は温度が下がると低下する．**そのため，金属の電気抵抗は温度の低下とともに低下する．そして臨界温度に達すると突如，抵抗が0になる．この状態を超伝導状態という．超伝導状態では大電流を流すことができるので強力な電磁石を作ることができる．

フェルミ面

伝導の考え方に，電子の軌道エネルギーを考える考え方がある．分子の電子はエネルギーの低い結合帯に入っている．したがって，結合帯は電子でいっぱいになり，まるで渋滞状態の一般道路のように，思うように移動できない．電子がスムースに移動できるためには，高速道路に相当する反結合帯に昇位する必要がある．

この際問題になるのが，結合帯と反結合帯の間のエネルギー差である．有機化合物などではエネルギー差が大きいため，電子は昇位できない．このため，有機化合物は絶縁性である．しかし，**金属ではエネルギー差がない．そのため，金属は伝導性を持つ．**このとき，両エネルギー帯の境界面をフェルミ面という．

イオン伝導

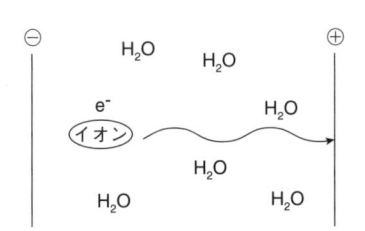

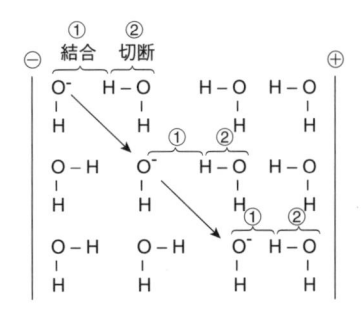

金属伝導

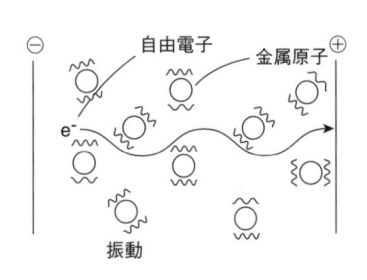

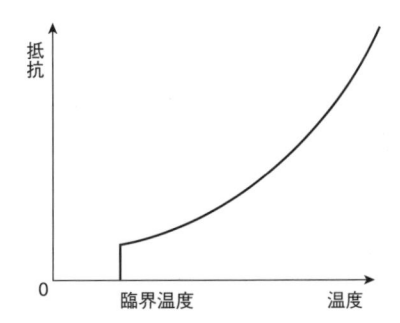

フェルミ面

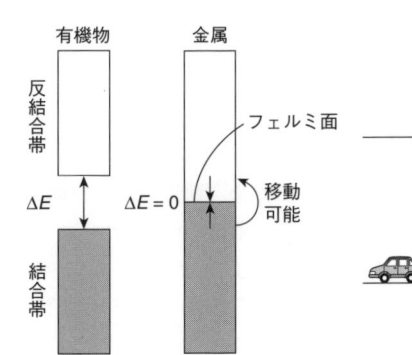

concept 71 磁性

スピンする電子は磁気モーメントを持つ．そのため，不対電子を持つ分子は磁性を持つ．磁気モーメントの配列によって，常磁性体，強磁性体などがある．

Key word スピン，磁気モーメント，常磁性体，強磁性体，反強磁性体，非磁性体

スピンと磁気モーメント

スピンする電子は磁気モーメントを持つ．したがって原子，分子中の電子は磁気モーメントを持つ．しかし，磁気モーメントの方向はスピンの方向に依存する．スピン逆平行な電子対では磁気モーメントは相殺されて 0 になる．そのため，共有結合分子では磁気モーメント 0 の非磁性体となる．

磁気モーメントの配列

物質が磁性を持つためには，分子が磁気モーメントを持たなければならない．そのためには分子内に不対電子が存在する必要がある．**強い磁性を獲得するためには分子内に多くの不対電子があったほうが有利である**．

物質全体として考えるときには，各分子の磁気モーメントの方向がたいせつになる．**全分子の磁気モーメントが一定方向にそろえば，磁性の強い強磁性体となる**．反対に 1 個 1 個が逆向きに整列すると磁性は消えて反強磁性体となる．テンデンバラバラに並んだ状態が，鉄などの常磁性体である．常磁性体に磁石が近づくと，その影響で，常磁性体の磁気モーメントが一定方向を向き，磁性が現れる．このため，常磁性体は磁石に吸い寄せられる．

column 酸素の磁性

酸素分子には不対電子が 2 個存在する．このため，酸素は常磁性体である．液体酸素を強力な磁石のそばで滴らせると，酸素は磁石に吸い寄せられる．気体の酸素は大きな運動エネルギーを持って激しく運動しているので磁石に吸い寄せられることはない．しかし，将来，非常に強力な超伝導磁石が開発されたら，気体酸素も磁石に吸い寄せられることになるかもしれない．そのときには，部屋の酸素が全部磁石に吸い寄せられて――，ということになるかもしれない．

スピンと磁気モーメント

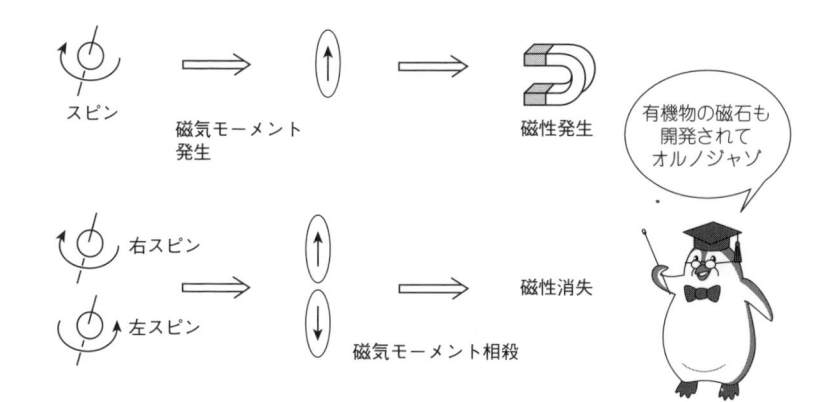

スピン ⇒ 磁気モーメント発生 ⇒ 磁性発生

有機物の磁石も開発されてオルノジャソ

右スピン
左スピン ⇒ ↑↓ ⇒ 磁性消失

磁気モーメント相殺

磁気モーメントの配列

反強磁性体　　常磁性体　　強磁性体

液体O_2

サンソー！

concept 72 錯体

金属原子または金属イオンを中心にして，配位子と呼ばれる複数個の中性分子もしくは陰イオンが集合して作った構造体を錯体という．

Key word 配位子，配位結合，非共有電子対，混成軌道モデル

錯体の例

具体的な例に即して説明しよう．

$CoCl_4^{2-}$ は，2価のコバルトイオン Co^{2+} を中心金属イオンとし，その周りに4個の塩素イオン Cl^- が配位子として集まって作った錯体であり，正四面体形である．$Fe(CN)_6^{4-}$ は Fe^{2+} を中心金属イオンとし，周りに6個の CN^- イオンが配位子として集まった錯体で，正八面体形をしている．

混成軌道モデル

錯体は複雑な構造を持ち，また性質も発色性，磁性など多彩なため，その性質を説明しようと各種の結合様式が提出された．現在最も適切な理論は分子軌道理論であるが，その前段階として混成軌道モデルと結晶場モデルを見ておくことは有意義である．$Fe(CN)_6^{4-}$ について混成軌道モデルで考えてみよう．

$Fe(CN)_6^{4-}$ の Fe^{2+} イオンは3d軌道に6個のd電子を持っている．このd電子を3本の3d軌道にまとめて入れてしまう．この結果，残った2本の3d軌道と1本の4s軌道，3本の4p軌道の合計6本の軌道を用いて**6本の d^2sp^3 混成軌道を作るのである．この混成軌道は正八面体の頂点方向を向くように配置される**．

配位結合

Fe^{2+} の6本の d^2sp^3 混成軌道には電子が入っていない．空軌道である．一方配位子の CN^- イオンは，炭素原子上に非共有電子対が存在している．**空軌道と非共有電子対の間には配位結合が成立する**．このようにして Fe^{2+} イオンの6本の d^2sp^3 混成軌道に，6個の CN^- イオンが非共有電子対を使って配位結合する．その結果，正八面体形の錯体が生成することになる．

錯体の例

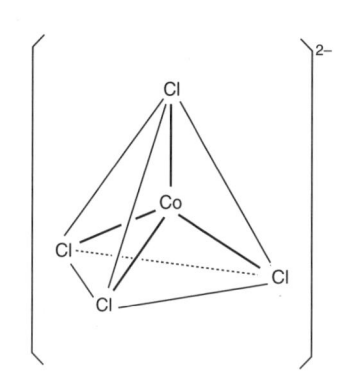

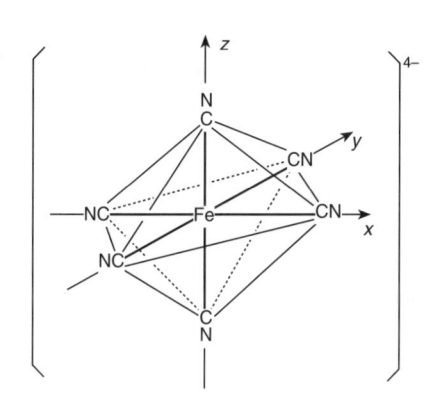

混成軌道モデル

Fe^{2+}

3d / 4s / 4p → d^2sp^3 → d^2sp^3 / 3d

配位結合

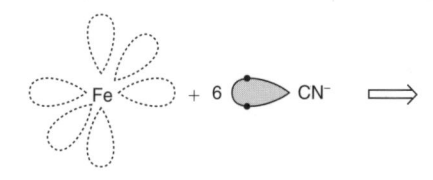

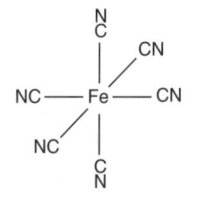

$Fe + 6\ CN^- \Longrightarrow$

出番が少なくて
タイクツー！
ファー！

72◆錯体

concept 73 結晶場理論

錯体の性質を簡単に直感的に説明できる理論である．配位子を点電荷と考え，その電荷の位置によって，中心金属イオンの d 軌道がエネルギー的な影響を受けると考えるものである．中心金属イオンと配位子を結びつける力はクーロン力である．

Key word 点電荷，d 軌道

点電荷構造

$Fe(CN)_6^{4-}$ について考えてみよう．この錯体は正八面体構造である．ということは，中心の Fe^{2+} イオンの周りにある 6 個の配位子 CN^- イオンはちょうど，中心イオンを原点とした直交座標軸の上にあることを意味する．

d 軌道分裂

d 軌道は四つ葉のクローバーのような形で全部で 5 本ある．そのうち t_{2g} と書いた 3 本は，電子雲が直交座標軸の間に突き出すようになっている．残りの e_g の 2 本は電子雲が直交座標軸の上に来る．

この結果，e_g の 2 本の軌道は電子雲が配位子の負電荷と正面衝突する形になる．これは e_g 軌道が不安定化，すなわち高エネルギー化することを意味する．それに対して 3 本の t_{2g} は配位子を避けるように配置されている．したがって t_{2g} 軌道のエネルギーは大きな変化はない．

電子配置

前項で，同じエネルギーを持った 5 本の d 軌道が，配位子の影響によって 2 組に分裂することを明らかにした．図はそのエネルギー分裂のようすを表したものである．

ここに Fe^{2+} の持つ 6 個の電子を入れたらどうなるだろうか．6 個の電子はエネルギーの低い t_{2g} 軌道に電子対を作って入ることになる．e_g 軌道は空軌道となる．これを錯体を作らない自由イオン状態の Fe^{2+} の電子配置と比べると，不対電子数に大きな差があることがわかる．すなわち自由原子状態で 4 個あった不対電子が，錯体形成によって 0 個になっていることがわかる．

このように錯体の中心金属の電子配置は自由イオン状態とは異なっていることがある．

点電荷構造

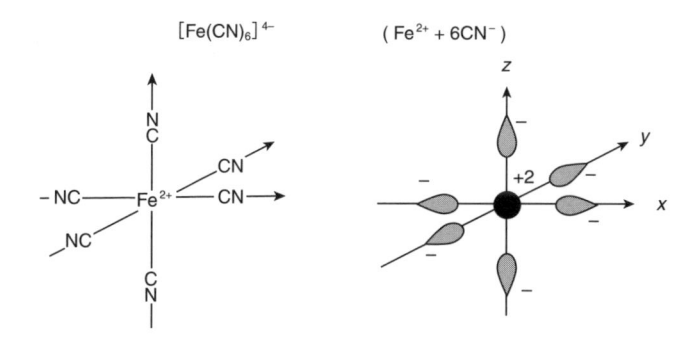

[Fe(CN)$_6$]$^{4-}$ (Fe^{2+} + 6CN$^-$)

d 軌道分裂

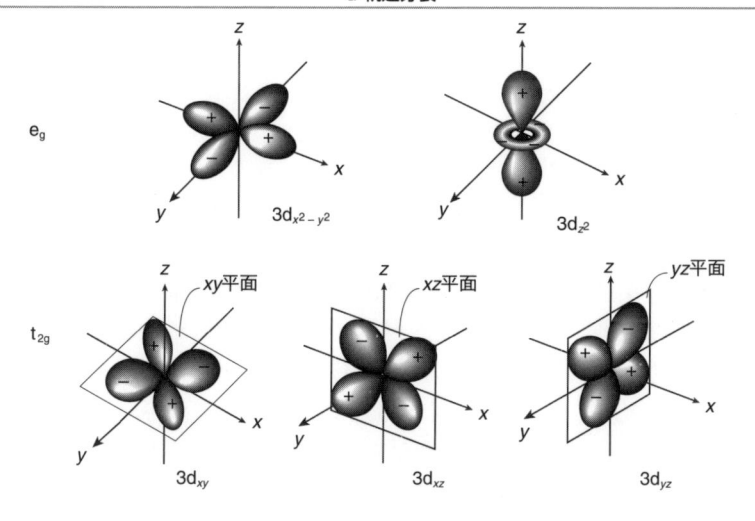

e$_g$: 3d$_{x^2-y^2}$, 3d$_{z^2}$

t$_{2g}$: 3d$_{xy}$ (xy平面), 3d$_{xz}$ (xz平面), 3d$_{yz}$ (yz平面)

電子配置

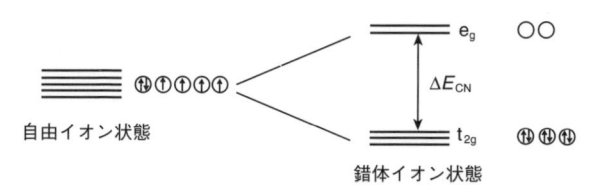

自由イオン状態 → 錯体イオン状態

e$_g$

ΔE_{CN}

t$_{2g}$

concept 74 — 分光化学系列

> 錯体における d 軌道の分裂の程度は，配位子の種類によって異なる．この分裂の度合いによって配位子を並べたものを分光化学系列という．

Key word 磁性，配位子，d 電子

$Fe(CN)_6^{4-}$ と $Fe(H_2O)_6^{2+}$

$Fe(CN)_6^{4-}$ と $Fe(H_2O)_6^{2+}$ はともに正八面体の錯体である．中心金属イオンはともに Fe^{2+} であり 6 個の d 電子を持っている．ところが $Fe(CN)_6^{4-}$ は磁性を持たない非磁性体であるが，$Fe(H_2O)_6^{2+}$ は磁性を持つ．この違いはどこからくるのであろうか．

ちなみに磁性は不対電子に基づく性質であり，不対電子を持つ分子は磁性を持つ．したがって上に述べたことは，**$Fe(CN)_6^{4-}$ は不対電子を持たないが $Fe(H_2O)_6^{2+}$ は不対電子を持つ**ということになる．

d 軌道分裂

これは配位子，CN^- と H_2O で，d 軌道の分裂のさせ方に相違があったということで説明できる．すなわち，CN^- は大きく分裂させるが H_2O は小さくしか分裂させなかったのである．その結果，6 個の d 電子は，$Fe(CN)_6^{4-}$ では大きく安定化した t_{2g} 軌道にまとまって入った．

しかし，$Fe(H_2O)_6^{2+}$ では，安定化はそれほど大きくはない．一方，電子はスピン平行でいようという性質がある（コンセプト 16）．そのため，電子は分裂エネルギーを飛び越えて，e_g 軌道にまで散らばってしまったのである．その結果，$Fe(CN)_6^{4-}$ では不対電子はなくなったが，$Fe(H_2O)_6^{2+}$ では 4 個の不対電子が生じたのである．

分光化学系列

上で明らかにしたことから，2 種の配位子，CN^- と H_2O とを比べると，CN^- のほうが軌道を大きく分裂させることがわかる．このように**各種の配位子の間で軌道分裂の大小を比較し，その順序で並べたものを分光化学系列**という．

配位子の違い

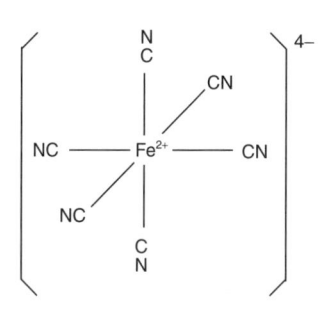

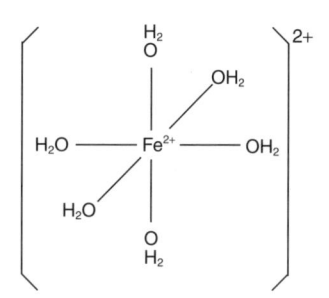

$[Fe(CN)_6]^{4-}$ 　　　$[Fe(H_2O)_6]^{2+}$

d軌道分裂

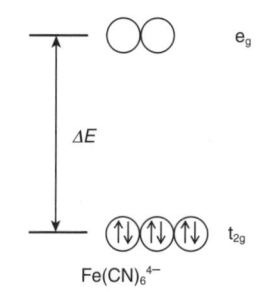

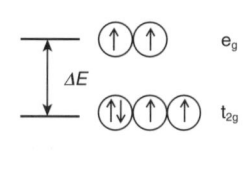

$Fe(CN)_6^{4-}$ 　　　$Fe(H_2O)_6^{2+}$

分光化学系列

$CN^- > CO > NO_2^- > NH_3 > H_2O > F^- > OH^- > Cl^- > Br^- > I^-$

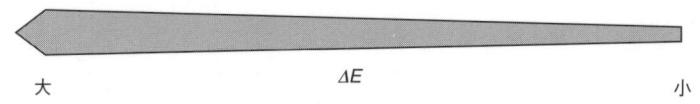

大　　　ΔE　　　小

column 貴金属

化学的に貴金属といえば，金 Au，銀 Ag，銅 Cu，および水銀 Hg を指すが，一般的には金，銀，白金 Pt を指す．

金

金色の美しい金属で反応性に乏しく，比重 19.3 の重い金属である（鉛 13.6）．1 g の金は針金にすると最長 2800 m になり，金ぱくにすると最薄 0.1 μm になる．金ぱくを透かすと青緑色に見える．水銀に融けてアマルガムとなる．これを銅像に塗り，その後加熱すると水銀が蒸発し，銅像の表面に金が残る．これが伝統的な金メッキであり，奈良の大仏もこの技法でメッキされたという．純度をカラット K で表す．純金を 24 K とするので，12 K なら 50 ％ が金で残りはほかの金属ということになる．硝酸と塩酸を 1：3（1 升 3 円）で溶かした王水以外の酸には溶けない．

銀

比重 10.5，銀白色の美しい金属であり，最大の電気伝導性を持つ．硫化水素と反応して黒変するので温泉地では銀食器に注意する必要がある．

写真の原理はおよそ次のようなものである．フイルム面に塗られた AgBr は細かい結晶状になっている．AgBr に光が当たると Br^- から電子が遊離し，これが Ag^+ と反応して Ag が遊離し，AgBr 結晶中に Ag 核ができる．還元剤を用いて還元すると，この Ag 核を持った AgBr 結晶だけが優先的に還元されて Ag 結晶となるが，未感光の AgBr は還元されない．定着操作によって未感光 AgBr を除去するとネガができ上がる．

白金

比重 21.4，銀白色の美しい金属である．反応性に乏しいが，体積比で 100 倍以上の水素ガスを吸収し，吸収された水素は化学的に活性化されるので，化学反応の触媒として利用される．白金の化合物には抗がん剤，リウマチ治療薬などに利用されるものもある．

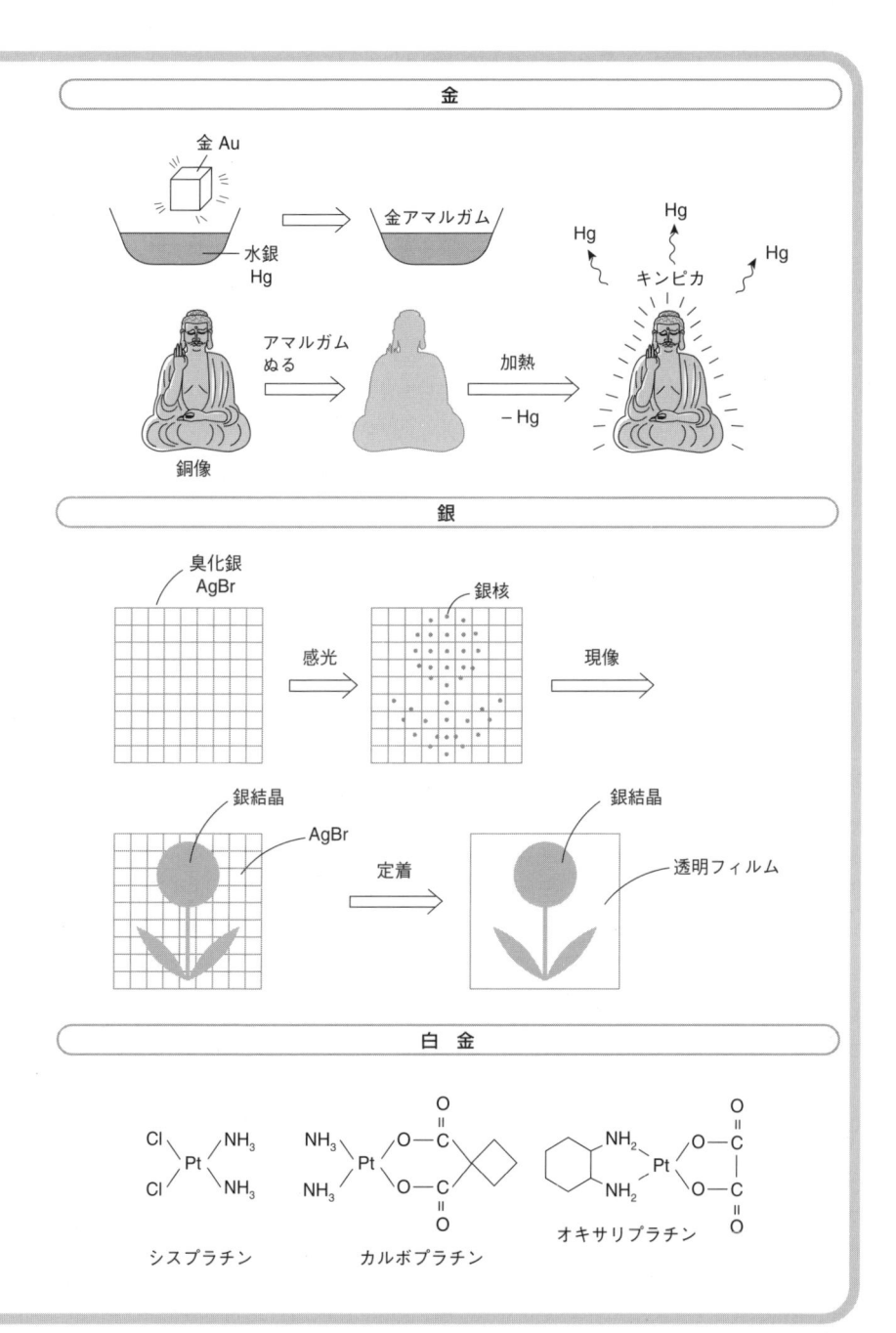

金

金 Au / 水銀 Hg → 金アマルガム → キンピカ（Hg蒸発）

銅像 →(アマルガムぬる)→ →(加熱 -Hg)→ キンピカ

銀

臭化銀 AgBr →(感光)→ 銀核 →(現像)→ 銀結晶 / AgBr →(定着)→ 銀結晶 / 透明フィルム

白 金

シスプラチン

カルボプラチン

オキサリプラチン

column ベンゼン環の電荷分布

ベンゼンに電子供与基が付いた場合，ベンゼン環の電子状態がどのように変わるかを考えてみよう．このような場合，有機化学では共鳴法で考えることが多いので，ここでもそれで考えてみよう．

置換基として電子供与基のアルコキシル基 -OR を例にとろう．

酸素原子上には非共有電子対がある．構造 **1** において，この電子対がベンゼン環の中に入り込む．すると $O-C_1$ 間が二重結合になり，C_1-C_2 間の二重結合を形成する π 電子が C_2 上にたまるので，C_2 がマイナスに荷電する．この状態が構造 **2** である．次にこの π 電子が C_2-C_3 間に移動すると C_3-C_4 間の π 電子が C_4 上にたまり，C_4 がマイナスに荷電する（構造 **3**）．同様にして，C_6 もマイナスに荷電することになる．

実際のベンゼンはこれら四つの構造，**1**，**2**，**3**，**4** の共鳴混成体と考えられる．したがって，ベンゼン環は 2，4，6 位，すなわちオルト，パラ位がマイナスに荷電することになる．ここに NO_2^+ のような求電子試薬が攻撃するなら，当然，ベンゼン環のマイナス部分を攻撃する．したがって，オルト位，パラ位が優先的に攻撃されるオルト，パラ配向性となるのである．

第IV部 有機化学

12章 有機化合物の構造と名前

concept 75 炭化水素

炭素原子と水素原子のみからできた化合物を炭化水素という．不飽和結合，環状構造の有無などにより，細かく分類される．

Key word 飽和化合物，不飽和化合物，脂肪族化合物，脂環式化合物，芳香族化合物，共役化合物

炭化水素の分類

A **飽和化合物と不飽和化合物**：一重結合を**飽和結合**，二重，三重結合を**不飽和結合**という．飽和結合のみからできたものを飽和炭化水素，不飽和結合を含むものを不飽和炭化水素という．

B **一重結合からできた炭化水素**：一重結合のみからできた炭化水素を**アルカン**という．そのうち，直鎖状の構造をとるものを**直鎖アルカン**，環状構造をとるものを**シクロアルカン**という．

C **二重結合を含む炭化水素**：二重結合を"1個だけ"含む炭化水素を**アルケン**という．アルケンのうち直鎖状のものを**直鎖アルケン**，環状のものを**シクロアルケン**という．

D **三重結合を含む炭化水素**：三重結合を"1個だけ"含む化合物を**アルキン**という．アルキンのうち直鎖状のものを**直鎖アルキン**，環状のものを**シクロアルキン**という．

E **芳香族化合物**：環状の化合物で，環を構成するすべての炭素原子が共役する二重結合を構成し，その二重結合の個数が $2n+1$ 個（n は正の整数）のものを芳香族化合物という．

F **脂肪族化合物**：芳香族化合物を除いたすべてのものをいう．

そのほかの分類

脂肪族化合物のうち，環状のものを脂環式化合物という．
　飽和結合と不飽和結合が連続した炭化水素を共役化合物という．芳香族化合物もこの仲間に入る．

炭化水素の分類 I

結合	分類			例
一重結合	飽和結合	飽和炭化水素	脂肪族化合物 アルカン — 直鎖アルカン	
			シクロアルカン	
			分岐アルカン	
二重結合	不飽和結合	不飽和炭化水素	脂肪族化合物 アルケン — 直鎖アルケン	
			シクロアルケン	
			共役化合物	
			芳香族化合物	
三重結合			脂肪族化合物 アルキン — 直鎖アルキン	
			シクロアルキン	

分類 II

分類	特徴	例
脂環式化合物	芳香族以外の環状化合物	
共役化合物	飽和結合と不飽和結合が連続したもの	

75◆炭化水素

concept 76 アルカン

一重結合のみからできた炭化水素をアルカン，あるいは飽和炭化水素という．分子式は炭素数を n とすると C_nH_{2n+2} となる．

Key word 分子式，構造式，IUPAC，命名法，数詞，慣用名

構造式

分子式 C_5H_{12} で炭素原子 5 個からなるアルカン，ペンタンを例にとって構造式の書き表し方をいく通りか示した．構造に最も忠実に書いた左端の構造式から，直線だけで表した右端の構造式まで，**すべてが構造式として通用する**．

命名法

化合物に名前をつけることを命名という．命名のしかた（命名法）については国際純正・応用化学連合（IUPAC）が約束を提唱している．この利点は，**化合物の構造がわかればそれに従って「ただ一通りの名前」が決定でき**，反対に，**名前がわかればそれに従って「構造式がわかる」**ということである．
直鎖状アルカンについての命名法は次のとおりである．
　「炭素原子数を表す数詞の語尾の a を取って ane を付ける」

直鎖アルカン

命名法に従えば次のようになる．例えば，炭素 5 個からなる直鎖アルカンの名前は炭素数を表す数詞 penta の語尾 a 取った pent に ane を付ける，すなわち pentane，読み方はそのままペンタンである．炭素数 10 までの直鎖アルカンの構造式と名前を表に示した．ただし，炭素数 1 から 4 までのアルカンの名前は，命名法が提出される以前から化学の現場で長年使われ続けているので，この名前を認めることにする．**このような名前を慣用名という．**

シクロアルカン

環状構造をとったアルカンをシクロアルカンという．**命名は同じ炭素数の直鎖アルカンの名前の前にシクロ（環の意）を付ける**．したがって，前ページの表のシクロアルカンの欄にある六員環の名称はシクロヘキサンとなる．

構造式

分子式 C_5H_{12}

構造式

$H-\overset{H}{\underset{H}{C}}-\overset{H}{\underset{H}{C}}-\overset{H}{\underset{H}{C}}-\overset{H}{\underset{H}{C}}-\overset{H}{\underset{H}{C}}-H$ $CH_3-CH_2-CH_2-CH_2-CH_3$ $CH_3-(CH_2)_3-CH_3$ 〜〜

直鎖アルカンの名称

炭素数	数詞	名前	分子式	構造式
1	mono モノ	methane メタン	CH_4	CH_4
2	di (bi) ジ，ビ	ethane エタン	C_2H_6	CH_3CH_3
3	tri トリ	propane プロパン	C_3H_8	$CH_3CH_2CH_3$
4	tetra テトラ	butane ブタン	C_4H_{10}	$CH_3(CH_2)_2CH_3$
5	penta ペンタ	pentane ペンタン	C_5H_{12}	$CH_3(CH_2)_3CH_3$
6	hexa ヘキサ	hexane ヘキサン	C_6H_{14}	$CH_3(CH_2)_4CH_3$
7	hepta ヘプタ	heptane ヘプタン	C_7H_{16}	$CH_3(CH_2)_5CH_3$
8	octa オクタ	octane オクタン	C_8H_{18}	$CH_3(CH_2)_6CH_3$
9	nona ノナ	nonane ノナン	C_9H_{20}	$CH_3(CH_2)_7CH_3$
10	deca デカ	decane デカン	$C_{10}H_{22}$	$CH_3(CH_2)_8CH_3$
20	icosa イコサ	icosane イコサン	$C_{20}H_{42}$	$CH_3(CH_2)_{18}CH_3$

concept 77 — アルケン・アルキン

二重結合を 1 個含む炭化水素をアルケンという．分子式は C_nH_{2n} である．二重結合を 2 個，3 個含むものをアルカジエン，アルカトリエンという．多くの二重結合を含むものをポリエンという．三重結合を 1 個含むものをアルキンという．

Key word アルカジエン，アルカトリエン，命名法

直鎖アルケン

直鎖アルケンの命名法は次のとおりである．
1：基本名：最長の炭素鎖と同じ炭素数のアルカンの名前を基本名とし，語尾の ane を ene に代える．
2：位置：炭素に端から通し番号を付け，二重結合を構成する炭素のうち，若いほうの番号を，二重結合の位置とする．
3：二重結合の位置と基本名をハイフンでつないで名称とする．

例を図に示した．1：炭素数 5 であるから pentane の ane を ene に代えて pentene とする．2：2 番目と 3 番目の炭素で二重結合を構成するので若い番号の 2 を採用する．3：ハイフンでつないで 2-pentene　2-ペンテンとなる．

二重結合が複数個ある場合はさらに次の約束が加わる．
4：2 個は diene，3 個は triene と，二重結合の個数の数詞と ene をまとめる．
図の例では 2 位と 5 位に 2 個の二重結合があるので 2,5-nonadienen となる．

シクロアルケン

環状のアルケンをシクロアルケンという．命名法は次のとおりである．
1　基本名：対応するシクロアルカンの語尾を ene に代える．
2　位置：二重結合を構成する炭素を 1，2 と連続させる．

例を図に示したが，二重結合が 1 個の場合は二重結合を表す番号は 1 に決まっているので，番号を省略する．

アルキン

アルキンの命名法は次のとおりであり，ほかはアルケンに準じる．
基本名：最長の炭素鎖の名前を基本名とし，語尾の ane を yne に代える．

直鎖アルケン

$CH_3-CH=CH-CH_2-CH_3$
○ 1 2 3 4 5
× 5 4 3 2 1

○ 2-pentene   × 3-pentene
   2-ペンテン   3-ペンテン

$CH_3-CH=CH-CH_2-CH=CH-CH_2-CH_2-CH_3$
    1   2 3   4   5 6   7   8   9

2,5-nonadiene
2,5-ノナジエン

シクロアルケン

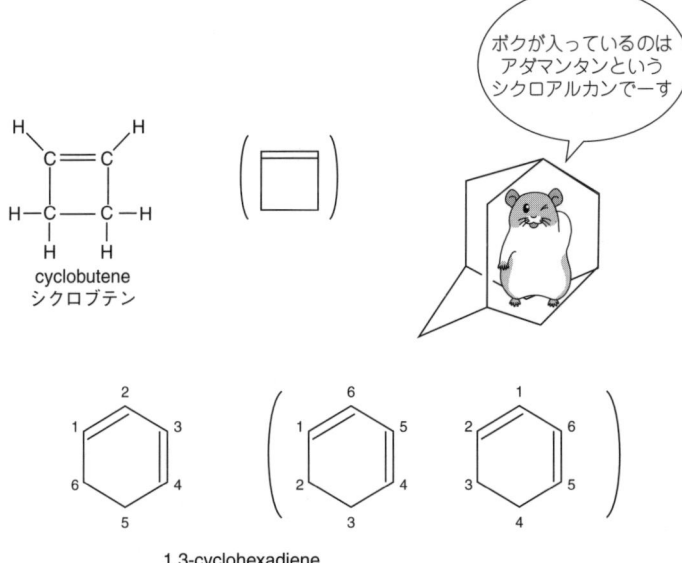

cyclobutene
シクロブテン

ボクが入っているのは
アダマンタンという
シクロアルカンでーす

1,3-cyclohexadiene
1,3-シクロヘキサジエン

77◆アルケン・アルキン

concept 78 — 置換基

複雑な構造を有する有機分子を扱う手段として，分子を本体と，それに付属する部分とに分けて考えることがある．この付属部分を置換基という．

Key word 原子団，アルキル基，アリール基

置換基

図に示したのは 3-メチルヘプタンである．このものは，炭素 7 個からなる基本部分と，それに付属した CH_3 原子団に分けて考えることができる．この CH_3 原子団をメチル基といい，**一般にこのような原子団を置換基という**．すなわち，基本鎖は炭素 7 個からなるアルカン，ヘプタンであり，置換基として 3 位にメチル基を持つので 3-メチルヘプタンである．

置換基には多くの種類があるが，大きくアルキル基，アリール基，官能基に分けることができる．アルキル基とアリール基のいくつかを表にまとめた．

アルキル基

アルカンから水素原子 1 個を除いた形の置換基をアルキル基という．メチル基 $-CH_3$ はメタン CH_4 から水素原子を 1 個除いた形のものである．エタン CH_3CH_3 から水素を除いた $-CH_2CH_3$ はエチル基と呼ばれる．それぞれ -Me，-Et と簡略化されることもある．

プロパン $CH_3CH_2CH_3$ から水素を除こうとすると①，②の 2 箇所がある．①から除いた置換基をプロピル基，②から除いたものをイソプロピル基という．

アリール基

芳香族炭化水素から水素を除いたものをアリール基という．代表はフェニル基である．ベンゼンの構造は図に示したものであるが，普通はかっこの中に示した構造で表示される．ベンゼンから水素を 1 個除くと図の構造になるが，これをかっこの中のように表示する．

フェニル基はそのスペル Phenyl group から -Ph，あるいは分子式から $-C_6H_5$ と表記されることが多い．

置換基

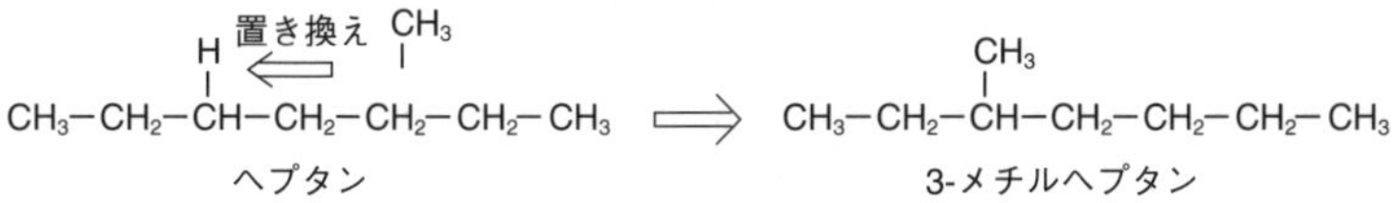

置き換え CH₃
CH₃-CH₂-CH-CH₂-CH₂-CH₂-CH₃ ⟸ CH₃-CH₂-CH-CH₂-CH₂-CH₂-CH₃
ヘプタン   3-メチルヘプタン

	基	簡易表示	名前
アルキル基	$-CH_3$	$-Me$	メチル基
	$-CH_2-CH_3$	$-Et$	エチル基
	$-CH_2CH_2CH_3$	$-Pr$ $-C_3H_7$	プロピル基
	$-CH(CH_3)_2$	$-i\text{-}Pr$ $-i\text{-}C_3H_7$	イソプロピル基
	$-C(CH_3)_3$	$-t\text{-}Bu$	ターシャリーブチル基
アリール基	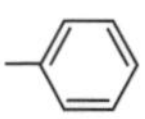 ⬡	$-Ph$ $-C_6H_5$	フェニル基

アルキル基

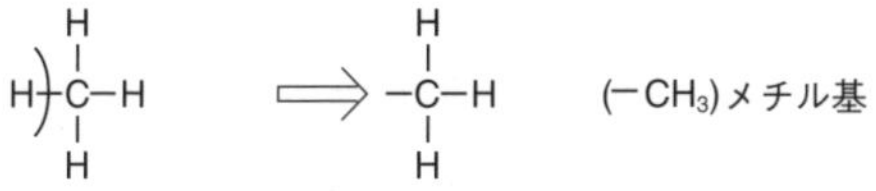

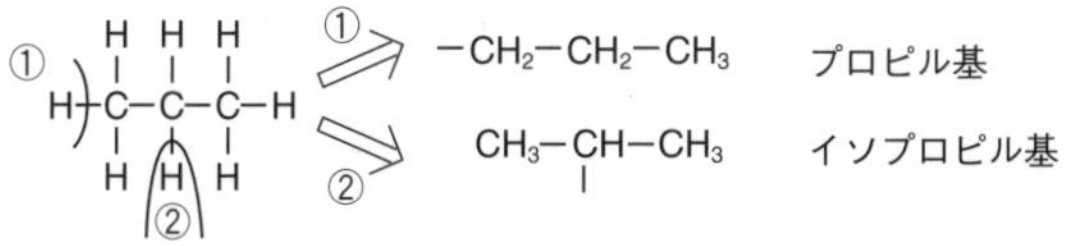

H⟩-C-H ⟹ -C-H (−CH₃) メチル基

① ⟩-C-C-C⟨ ① ⟹ −CH₂−CH₂−CH₃   プロピル基
       ②   ② ⟹ CH₃−CH−CH₃   イソプロピル基

アリール基

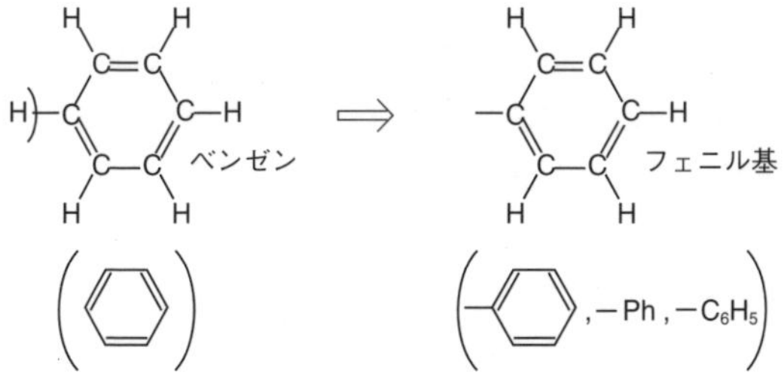

ベンゼン ⟹ フェニル基

(⬡, −Ph, −C₆H₅)

concept 79 官能基

官能基は炭素，水素以外の原子を含む置換基であり，分子の性質に大きく影響する．そのため，有機化合物は官能基に応じて分類されることが多い．

Key word 置換基

官能基

官能基とそれが付いた分子の一般名（グループ名），およびそのいくつかを表にまとめた．

同じ官能基を持つ化合物は似た物性，反応性を持つことが多い．例えば，ヒドロキシル基（水酸基）-OH が付いた分子は一般にアルコールと呼ばれる．アルコール類は液性が中性であり，-OH 基がほかの置換基に置換されやすく，金属ナトリウムと激しく反応する，などと特有の性質を持つ．これらの性質は官能基としてのヒドロキシル基に基づくものである．

官能基の性質

官能基を持つものの一般名とその性質を次にまとめる．

a ヒドロキシル基を持つものはアルコールと呼ばれる．
b エーテル基を持つ分子はエーテルと呼ばれる．ジエチルエーテルは一般にエーテルと呼ばれ，溶媒として使われる．
c カルボニル基を持つものはケトンと呼ばれる．アセトンは有機化合物を溶かす力が強いので溶媒として利用される．
d ホルミル基を持つものはアルデヒドと呼ばれる．還元性を持つ．シックハウス症候群はホルムアルデヒドの影響が大きいといわれている．
e カルボキシル基を持つものはカルボン酸と呼ばれる．酸性である．
f アミノ基を持つものはアミンと呼ばれる．塩基性である．
g ニトロ基を持つものはニトロ化合物と呼ばれる．ニトロ基を 3 個持つトリニトロトルエンは TNT と呼ばれ，典型的な爆薬である．
h ニトリル基を持つものはニトリル化合物と呼ばれる．毒性を持つことがある．
i **スルホン酸基**を持つ代表例はベンゼンスルホン酸である．
j アゾ基を持つものはアゾ化合物と呼ばれる．染料として利用されるものがある．

官能基

基	名前	一般式	一般名	例	
$-OH$	ヒドロキシル基	$R-OH$	アルコール	$EtOH$ C_6H_5-OH	エチルアルコール フェノール
$-OR$	エーテル基	$R'-OR$	エーテル	$Et-O-Et$ $C_6H_5-O-C_6H_5$	エーテル ジフェニルエーテル
$\rangle C=O$	カルボニル基	$R_2C=O$	ケトン	$(CH_3)_2C=O$	アセトン
$-CHO$	ホルミル基	$R-CHO$	アルデヒド	$H-CHO$ C_6H_5-CHO	ホルムアルデヒド ベンズアルデヒド
$-CO_2H$	カルボキシル基	$R-CO_2H$	カルボン酸	CH_3CO_2H $C_6H_5-CO_2H$	酢酸 安息香酸
$-NH_2$	アミノ基	$R-NH_2$	アミン	CH_3-NH_2 $C_6H_5-NH_2$	メチルアミン アニリン
$-NO_2$	ニトロ基	$R-NO_2$	ニトロ化合物	トリニトロトルエン	
$-C\equiv N$	ニトリル基	$R-C\equiv N$	ニトリル化合物	CH_3-CN C_6H_5-CN	アセトニトリル ベンゾニトリル
$-SO_3H$	スルホン酸基	$-SO_3H$	スルホン酸	$C_6H_5-SO_3H$	ベンゼンスルホン酸
$-N=N-$	アゾ基	$R-N=N-R$	アゾ化合物	$C_6H_5-N=N-C_6H_5$	アゾベンゼン

13章 有機化合物の立体構造

concept 80 異性

分子式は同じだが，構造式の異なるものを互いに異性体という．

Key word　構造異性体，立体異性体，配座異性体，結合異性体，鏡像体，コンホマー，エナンチオマー，ジアステレオマー

構造異性体

異性体のうち，原子の結合順序が異なるものを構造異性体という．2-メチル-2-ブテン **1** と 1,2-ジメチルシクロプロパン **2** はともに C_5H_{10} の分子式を持つ異性体である．結合順序を見ると，後者は $C_1-C_2-C_3-C_4-C_5$ と並んでいるが，前者は $C_1-C_2-C_3-C_4$ と並び，C_5 は C_2 に結合しているので両者で結合順序が異なる．したがって **1** と **2** は構造異性体である．

立体異性体

原子の結合順序の等しい異性体を立体異性体という．図に示した *trans*-1,2-ジメチルシクロプロパン **3**，**4** と *cis*-1,2-ジメチルシクロプロパン **5** は平面構造はともに **2** で表されて等しいが，メチル基の向きが異なるので異性体である．このようなものを立体異性体という．立体異性体のうち，単結合周りで回転すると同一になるものを配座異性体（回転異性体，コンホマー）という．

鏡像体（エナンチオマー）

右手と左手の関係のように，鏡に映すと互いに重なるような異性体を鏡像体（鏡像異性体，エナンチオマー）という．鏡像異性体は互いに偏光を反対方向に回転させる（旋光）性質を持つので，光学活性であり，光学異性体ともいわれる．図に示した **3** と **4** がその関係になる．

ジアステレオマー

図の **3**，**5** のように，鏡に映しても重ならない立体異性体を互いにジアステレオマーという．

異性体

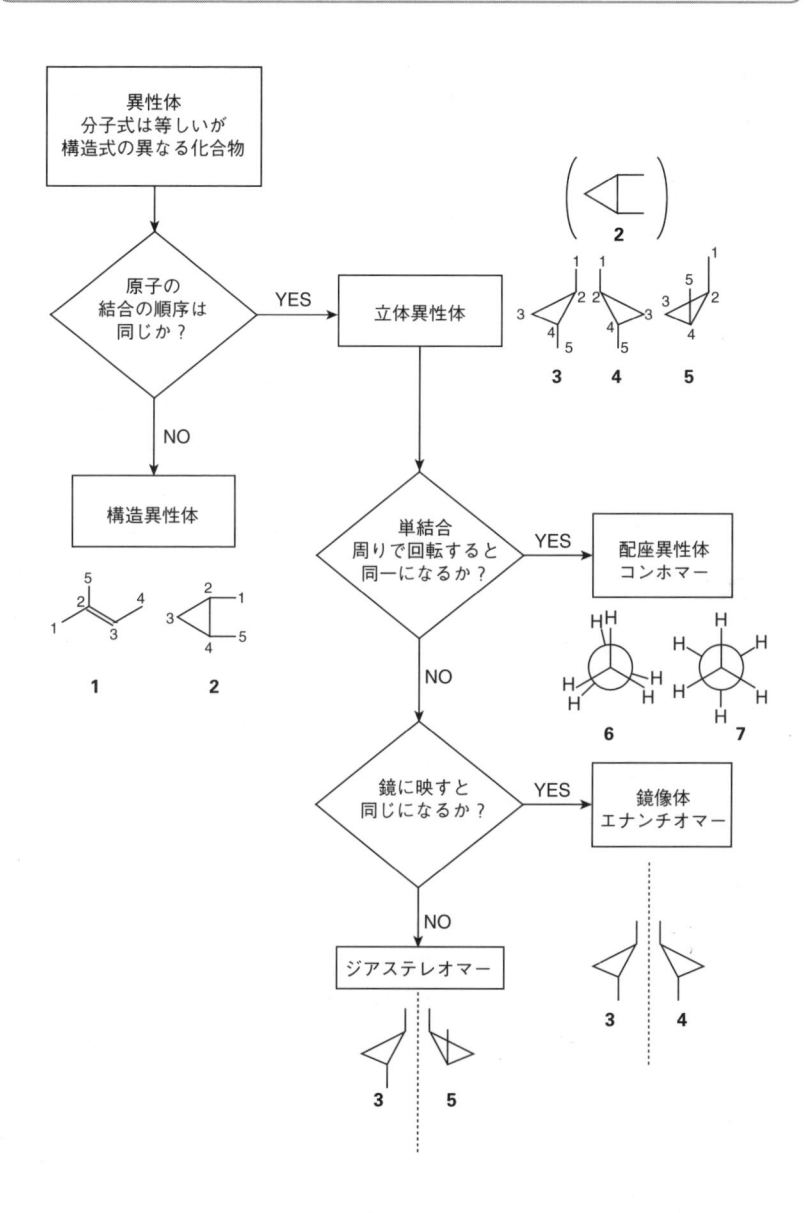

```
異性体
分子式は等しいが
構造式の異なる化合物
    ↓
原子の結合の順序は同じか？
  ├─ YES → 立体異性体
  │         ↓
  │     単結合周りで回転すると同一になるか？
  │       ├─ YES → 配座異性体 コンホマー
  │       └─ NO
  │           ↓
  │       鏡に映すと同じになるか？
  │         ├─ YES → 鏡像体 エナンチオマー
  │         └─ NO → ジアステレオマー
  └─ NO → 構造異性体
```

1, **2** (構造異性体の例)

2, **3**, **4**, **5** (立体異性体の例)

6, **7** (配座異性体の例)

3, **4** (エナンチオマーの例)

3, **5** (ジアステレオマーの例)

concept 81 配座異性体, シス-トランス異性体

二重結合の炭素原子に置換基が 2 個置換する場合，置換基が同じ側にあるものをシス体，反対側にあるものをトランス体といい，このような異性をシス-トランス異性という．配座異性体（回転異性体，コンホマー）の回転にはエネルギー障壁が伴う．

Key word 回転障壁，いす形，舟形

シス-トランス異性

図に 1,2-ジクロロエチレンを示した．2 個の塩素原子の相対的な位置の違いによって 2 種の構造が出現する．このような場合，**2 基が同じ側にあるものをシス体（*cis* form），違う側にあるものをトランス体（*trans* form）と呼ぶ**．シス-トランス異性体はジアステレオマーの一種である．2-ペンテンの例では，水素原子の相対位置によってシス体とトランス体を区別している．

回転障壁

σ 結合は回転可能である（コンセプト 28）．しかし，分子に組み込まれるとまったくの自由回転ではなく，多少の抵抗を伴う．図はエタンの回転に伴う回転障壁を表したものである．**重なり形は水素の立体反発によって不安定化し，ねじれ形にはそのような不安定要因はない**．しかし，エネルギー差は小さく，重なり形とねじれ形とを分離することはできない．

回転異性

シクロヘキサンのモデルを組むと平面にはならない．図に示したいす形か舟形のいずれかになる．このうち，**舟形は対面する水素間の立体反発の分だけいす形より不安定であるが，両者を分離することはできない．**

図にいす形，舟形の変換を示した．いす形 **A** の右端を持ち上げると舟形 **B** になり，**B** の左端を下げると別のいす形 **C** になる．この一連の操作で行っていることは C−C 結合の回転である．

このように，本来ほぼ自由回転できるはずの σ 結合も，分子に組み込まれると，かなりの回転障害を受けることがある．

シス・トランス異性

cis-1,2-ジクロロエチレン

trans-1,2-ジクロロエチレン

cis-2-ペンテン

trans-2-ペンテン

回転障壁

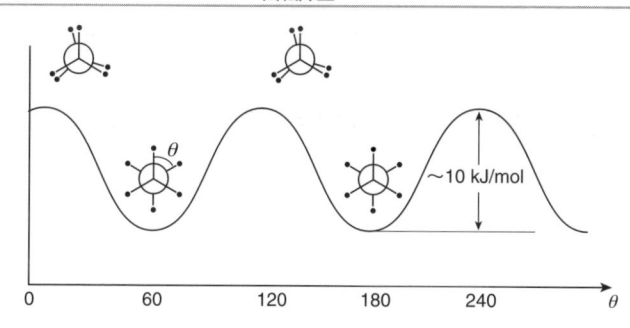

~10 kJ/mol

配座異性（回転異性）

いす形 A　　　　舟形 B　　　　いす形 C

concept 82 光学異性

右手と左手のように，鏡に映したものが他方と同じになる場合，それを鏡像異性体という．鏡像異性体は互いに偏光を逆方向に回転させるので光学活性である．そのため光学異性体ともいう．

Key word キラル，鏡像異性，不斉炭素，偏光，旋光性，光学活性，ラセミ，ラセミ分割

光学異性体

A と B は違う分子であるが，A を鏡に映せば B となる．このようなとき，A と B は鏡像異性体であるといい，A，B はともにキラルな分子であるという．このような現象が起こるのは炭素原子に結合する四つの置換基がすべて異なる場合に限られ，そのような炭素を不斉炭素と呼び，* を付けて表すことがある．

光学異性体は，通常の化学的性質はまったく同じであるが，生物学的性質と光学的性質に違いがある．

偏光

光は電磁波，波である．通常の光はあらゆる方向に振動する波の集まりである．したがってスリットを用いて**特定の面で振動する波だけを取り出すことができる．このような光を偏光という**．偏光面を丸に書いた直線の方向で表す．

光学活性

偏光の振動面を回転させることを旋光という．図の C と D は互いに光学異性体である．C に偏光を通すと偏光面は +3.8 度だけ回転させられる．それに対して D は反対方向に，すなわち −3.8 度回転させる．すなわち，光学異性体は偏光を互いに反対方向に同じ角度だけ回転させるわけである．このように**旋光性を持つことを光学活性，光学活性な物質を光学活性体という**．

今，C と D の等量混合物に偏光を通したらどうなるだろうか．C によって +3.8 度，D によって反対方向に 3.8 度．結果は元に戻るだけである．**このような混合物をラセミ混合物あるいはラセミ体と呼ぶ．ラセミ体は光学不活性である．ラセミ混合物を光学異性体に分離することをラセミ分割という．**

光学異性体

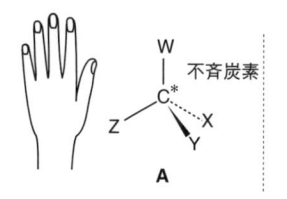

W | 不斉炭素
Z—C*—X
  |
  Y
A

W | 不斉炭素
X—C*—Z
  |
  Y
B

鏡

偏光

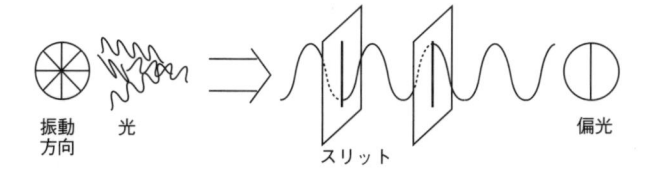

振動方向　光　⇒　スリット　偏光

光学活性

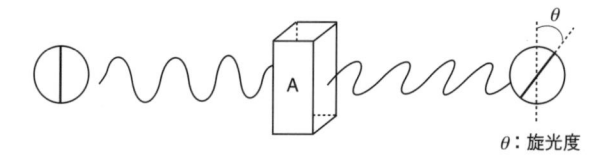

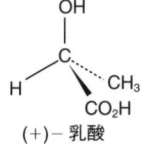

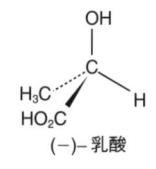

θ：旋光度

生体では光学活性体が活躍しまーす

OH
 |
H—C—CH$_3$
 |
 CO$_2$H
(+)−乳酸
$[\alpha]_D = +3.8°$
C

OH
 |
H$_3$C—C—H
 |
HO$_2$C
(−)−乳酸
$[\alpha]_D = -3.8°$
D

1：1混合物＝ラセミ体

concept 83 (R)−(S) 命名法

不斉炭素に基づく鏡像異性体の命名法は (R)−(S) 命名法に従う．これは不斉炭素に付く4種の原子団に序列をつけ，その順序を基にして命名するものである．

Key word 不斉炭素，鏡像異性体，原子番号，二重結合，三重結合

序列

原子団に序列をつけ，大きなものから L > M > S > s とする．序列をつける主なポイントは以下である．
1　不斉炭素に直結する原子の原子番号の大小に従う．
2　直結する原子の原子番号が同じなら2番目の原子で比べる．
3　二重結合，三重結合はその原子が2個，3個結合しているとみなす．

図に示した例では，不斉炭素に直接結合している原子は水素，酸素，炭素である．このうち原子番号が最も大きいのは酸素だから OH が L に当たり，原子番号最小の H が s に当たることになる．CH_3 と CH_2OH では直接結合原子（ともに C）では決着をみないので2番目の原子で比べることになる．

すると CH_3 ではすべて H であるのに CH_2OH では一つ O がある．したがって CH_2OH のほうが順位が高くなる．以上の理由で，順位は図に示したものになる．

(R), (S) 決定

(R), (S) を決定する手順は次のようである．
1　四つの置換基を L，M，S，s の記号で置き換える．
2　s−C* 結合軸の延長線方向，図で目の記号を付けた方から分子を見る．
3　LMS のつながりが右回り（時計方向）なら (R)，左回り（反時計方向）なら (S) とする．

乳酸

実例として2種の乳酸をあげた．置換基の序列は OH > CO_2H > CH_3 > H である．図に書いた目の位置から分子を見れば左が (S) 配置，右が (R) 配置であることがわかる．

第13章◆有機化合物の立体構造

序列

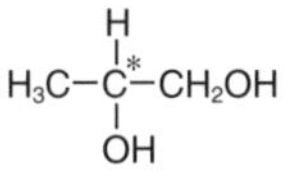

H₃C-C*(H)(OH)-CH₂OH

L：OH（原子番号 8）
s：H（原子番号 1）
S：CH₃（2番目がすべてH）
M：CH₂OH（2番目にOがある）

(R), (S)

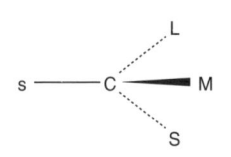

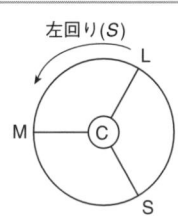

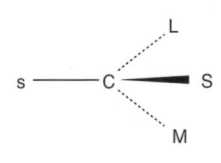

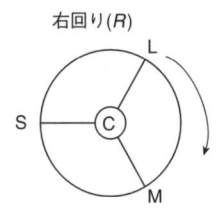

左回り(S)

右回り(R)

(目)

乳酸

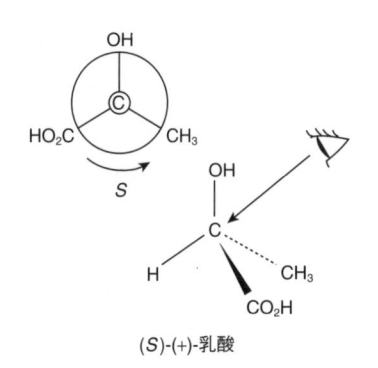

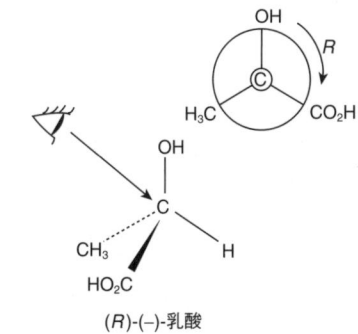

(S)-(+)-乳酸

(R)-(−)-乳酸

83◆(R)−(S)命名法

concept 84 ― キラリティー

ある分子が光学活性かどうかを決める基準の概念をキラリティーという．鏡像と重ね合わせることのできるものをアキラル，できない分子をキラルという．キラルな性質を発現する原因となっている箇所を形状によってキラル中心，キラル軸，キラル面という．

Key word 光学活性，不斉炭素，キラル軸，キラル面

キラル中心

不斉炭素が代表的な例である．

キラル軸

図の **A**，**B** はアレンといわれる分子である．3 個の炭素が二重結合で結合するので両端の炭素は sp^2 混成であるが中央の炭素は sp 混成であり，その結果 2 本の π 結合は互いに 90 度ねじれている（コンセプト 35）．そのため，両端の炭素に結合する置換基も互いにねじれることになるのでキラルな性質が出現することになる．**3 個の炭素を結ぶ結合軸がキラル軸である．**

双環状分子 **C**，**D** は，中央の sp^3 混成炭素から 2 個の環状構造が出現している．このような構造をスピロ体といい，このような炭素をスピロ炭素という．このものも適当な置換基（原子団 X）が入るとキラルになる．図に示した軸がキラル軸となる．

キラル面

図の **E**，**F** は，*trans*-1,2-シクロプロパンである．図を見れば説明は不要であろうが，明らかに 1 組の光学異性体が存在する．すなわち分子 **E** は裏返しにしても **F** にはならない．**E** のままである．この場合には**三員環の平面がキラル面である．**

ベンゼン環が 6 個縮合した形の分子 **G**，**H** は環状分子ではない．第 1 環と第 6 環はつながっていない．6 個の環は弧を作って，最後の環（第 6 環）の所で最初の環（第 1 環）と重なってしまう．このとき，2 通りの重なり方ができる．第 6 環が第 1 環の上に来るか（**G**）下に来るか（**H**）である．両者は光学異性体である．この場合は**分子が乗る平面がキラル面である．**

第13章◆有機化合物の立体構造

キラル中心

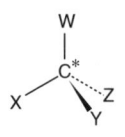

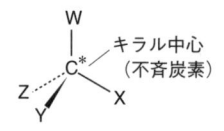

キラル軸

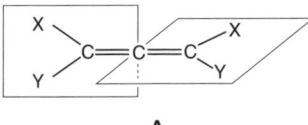

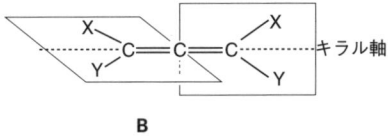

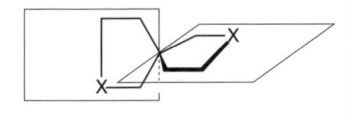

A B 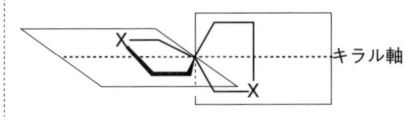 C D

キラル面

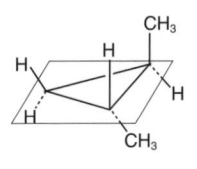

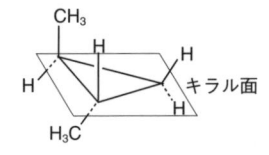

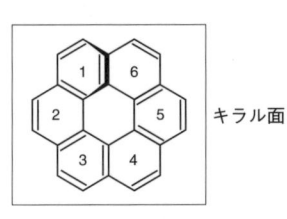

E F

G H

177

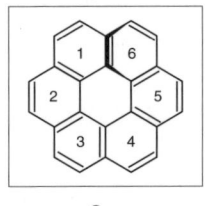

84◆キラリティー

concept 85 ジアステレオマー

複数の不斉炭素を含む分子では複数の鏡像異性体（エナンチオマー）の組が生じる．このとき，互いに鏡像異性体になっていない異性体のことをジアステレオマーと呼ぶ．

Key word 不斉炭素，鏡像異性体，エナンチオマー，トレオ，エリトロ

フィッシャー投影式

ジアステレオマーを考えるにはフィッシャー投影式を学ぶことが必要である．

分子 A をフィッシャー投影式で書くと B になる．あたりまえのようだが，実はここに約束がある．**炭素 C を紙面上に置いたとき，紙面の奥へ伸びる結合（C–W，C–Y）を上下に書き，紙面から手前に伸びる結合（C–X，C–Z）を横（水平）に書く，というものである．**

この約束に従って分子 C を書くと図 D になる．これ以外の書きようはない．

エリトロ・トレオ

分子 $CH_3-CH_2-CHCl-CHCl-CH_3$ の異性体をフィッシャー投影式に従って書くと図の E，F，G，H の四つがあることがわかる．

このうち，E は同じ原子 H，あるいは Cl が分子の同じ側にそろっている．このような配置の分子をエリトロ型という．分子 F もエリトロ型である．それに対して G，H では，そろっていない．このような分子をトレオ型という．

ジアステレオマー

分子 E と F は互いに鏡像異性体（エナンチオマー）である．G と H も同様である．エナンチオマーどうしは化学的性質が同じで，旋光度が逆になっている．

では E と G はどういう関係だろうか．これはただの異性体である．化学的性質も光学的性質（旋光性）もまったく違う．このような異性体をエナンチオマーに対してジアステレオマーと呼ぶ．要するに，**エナンチオマー以外の関係をすべてジアステレオマーと呼ぶのである．**

フィッシャー投影式

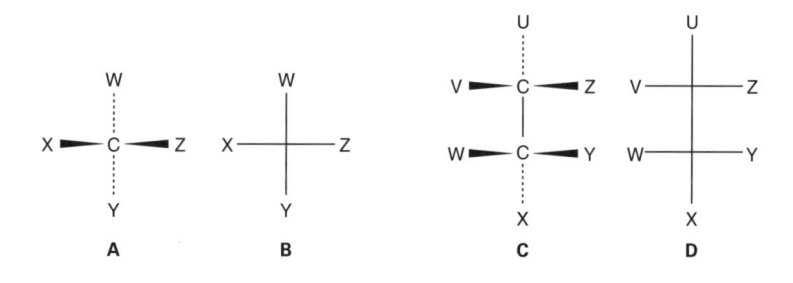

A **B** **C** **D**

ジアステレオマー

$CH_3CH_2-CHCl-CHCl-CH_3$

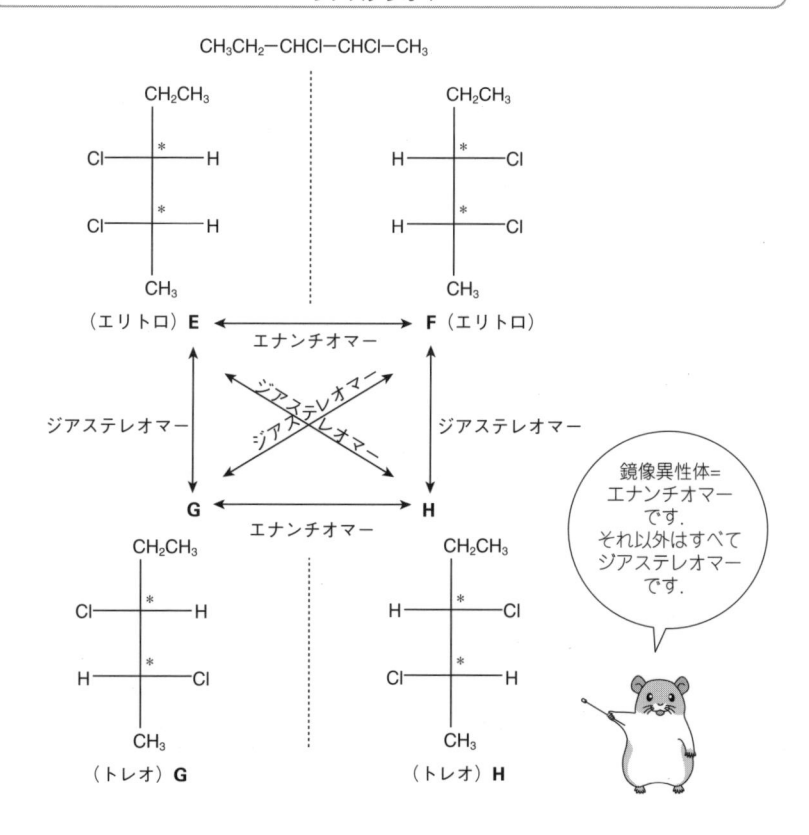

（エリトロ）**E** ←エナンチオマー→ **F**（エリトロ）

↕ジアステレオマー   ジアステレオマー   ↕ジアステレオマー

（トレオ）**G** ←エナンチオマー→ **H**（トレオ）

鏡像異性体＝エナンチオマーです．
それ以外はすべてジアステレオマーです．

concept 86 メソ体

不斉炭素を持っているが光学活性でない分子をメソ体という．

Key word 不斉炭素，光学活性，エナンチオマー，ジアステレオマー

分子 $CH_3-CHCl-CHCl-CH_3$ はコンセプト 85 の分子に似ている．違いは，フィッシャー投影式で見ると今回の分子では両端が同じということである．投影式を並べると図のようになる．

分子 C と D は確かにエナンチオマーの関係にある．C と D はどのようにしても重ね合わせることができないからである．

それでは A と B はどうであろうか．A を上下逆さまにしたら B になるではないか．すなわち，A と B は同じものなのである．当然光学異性体でもなければ，光学活性でもない．このように**不斉中心はあるが，立体配置がその鏡像異性体と同一になるため光学活性でない分子をメソ体という**．メソ体は，図で示したように分子中心に対称面を持つという特色がある．

column 構造異性体の個数

図に分子式 C_6H_{10} を持つすべての異性体の構造式を示した．**1**，**2**，**3** は最も長い炭素鎖が C5 であるからペンテン誘導体である．**4**，**5**，**6** は C4 の炭素鎖にメチル基が付いたものだから，メチルブテン誘導体となる．鎖状の異性体はこの 6 種であり，ほかは環状化合物となる．

7 はシクロペンタンであり，**8** はメチルシクロブタンである．**9**〜**13** はシクロプロパン誘導体であり，**9** はエチルシクロプロパンであり，**13** は1,1-ジメチルシクロプロパンである．**10**，**11**，**12** はコンセプト 80 で説明した 1,2-ジメチルシクロプロパンの立体異性体になる．

このような簡単な分子式の化合物でも，13 個もの異性体が存在する．炭素を 1 個増やして分子式を C_6H_{12} にすると，異性体の数は一挙に 20 を越える．異性体識別の練習のために，試して見るようにお勧めする．

このように，異性体が多く存在することが有機化合物の種類を多くしている大きな要因であることは言うまでもない．

メソ体

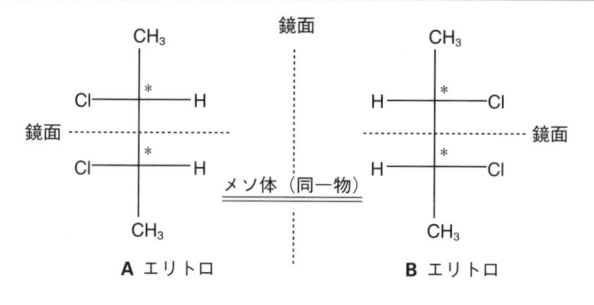

```
         CH₃                           CH₃
          |                             |
   Cl ── *C ── H              H ── *C ── Cl
          |                             |
鏡面 ·····|·····              ·····|····· 鏡面
          |                             |
   Cl ── *C ── H    メソ体（同一物）  H ── *C ── Cl
          |                             |
         CH₃                           CH₃

      A エリトロ                    B エリトロ
```

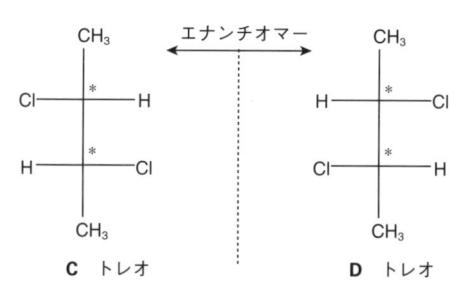

```
         CH₃              エナンチオマー       CH₃
          |                   ⇔                |
   Cl ── *C ── H                        H ── *C ── Cl
          |                                    |
   H ── *C ── Cl                        Cl ── *C ── H
          |                                    |
         CH₃                                  CH₃

       C トレオ                             D トレオ
```

C_5H_{10}

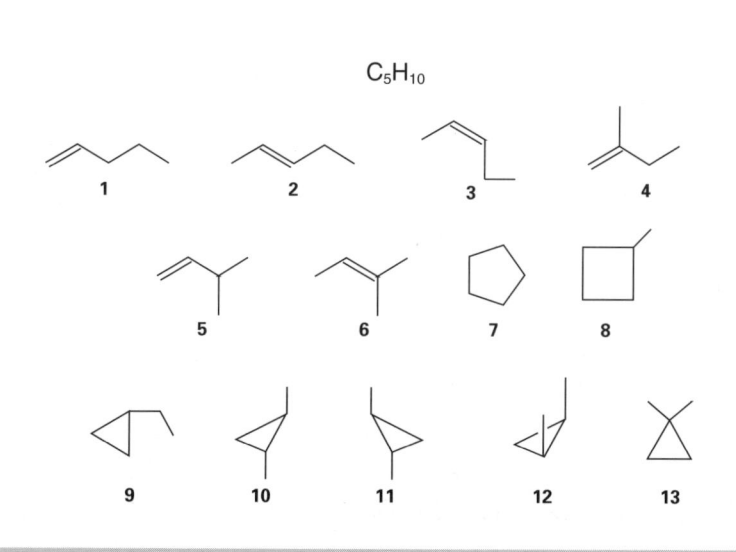

1, 2, 3, 4

5, 6, 7, 8

9, 10, 11, 12, 13

14章 有機化合物の性質

concept 87 酸性・塩基性

酸性水素を持つ有機化合物は酸性であり，プロトンを収容できる有機化合物は塩基性である．カルボン酸は酸性であり，アミンやイミンは塩基性である．

Key word カルボン酸，活性メチレン，活性メチン，アミン

酸性

酸とは H^+ を放出するものである（コンセプト 56）．**有機化合物の酸としてはカルボキシル基を持つカルボン酸が典型である**（コンセプト 79）．代表的なカルボン酸とその pK_a を表にまとめた．pK_a 値の小さいものほど強酸である（コンセプト 59）．参考にアルコールと水の pK_a を示しておいた．

酸性水素

H^+ となって電離することのできる水素を酸性水素という．

フェノールは H^+ を放出した後の陰イオンが，陰電荷をベンゼン環へ非局在化することで安定化できるため，酸性である（反応 1）．カルボニル基の隣にある CH_2（活性メチレン）や CH（活性メチン）の水素原子は，C-H 結合の電子がカルボニル基に引き寄せられるため，H^+ として外れやすいので酸性である（反応 2）．

s 軌道は p 軌道より原子核の近傍にあるため，混成軌道で s 性の割合が高いほど結合電子は炭素原子核近くにあることになり，H は H^+ として外れやすくなる．そのため，アセチレン水素は酸性である．

塩基性

塩基性を示す有機化合物はアミノ基（$-NH_2$）を持つアミンかイミノ基（$=NH-$）を持つイミン，あるいはピリジン誘導体に限られる．いくつかの例を表に示した．塩基の強さを表すのに共役酸の pK_a を用いることが多い．この表でもそうである．したがって pK_a 値の小さいものは共役酸の酸性度が強い，すなわち，反応 3 で考えれば共役酸（RNH_3^+）が H^+ を放出しやすいのだから，塩基が（RNH_2）H^+ を捕まえる力は弱いことになる（コンセプト 59）．

結局，pK_a の大きいものが強塩基である．

酸性

構造	pK_a	構造	pK_a
CF_3CO_2H	0.2	$C_6H_5CO_2H$	4.21
CCl_3CO_2H	0.7		
HCO_2H	3.8	CH_3OH	15.5
CH_3CO_2H	4.8	H_2O	15.7

酸性水素

$$C_6H_5\text{-OH} \rightleftarrows H^+ + C_6H_5\text{-O}^- \quad (C_6H_5\text{=O}^-) \qquad \text{(反応1)}$$

$$\underset{R\ R}{R-\overset{O}{\underset{\|}{C}}-\overset{}{\underset{}{C}}-H} \longrightarrow \underset{R\ R}{R-\overset{O^{\delta-}}{\underset{}{C}}\cdots\overset{\delta+}{\underset{}{C}}-H} \qquad \text{(反応2)}$$

構造		pK_a	構造	pK_a
$C_6H_5\text{-OH}$		10	$CH_3\text{-CO-}CH_3$	20
	s性			
$H-C\equiv C-H$	50 %	25	$CH_3\text{-CO-}CH_2\text{-CO-}OR$	11
$H_2C=CH_2$	33 %	36.5		
H_3C-CH_3	25 %	42	$O_2N-CH_2-NO_2$	3.6

塩基性

$$\underset{\text{塩基}}{RNH_2} + H^+ \rightleftarrows \underset{\text{共役酸}}{RNH_3^+} \qquad \text{(反応3)}$$

構造	pK_a	構造	pK_a
NH_3	9.3	ピリジン	5.3
CH_3NH_2	10.6		
$C_6H_5-NH_2$	4.6	ピロール	0.4

concept 88 芳香族性

環状共役化合物で環内に（$4n+2$）（n は正の整数）個の π 電子を持つ系を芳香族という．芳香族は安定性など，特別の性質を持つ．

Key word 芳香族，結合交代，非局在化エネルギー，$4n+2$

芳香族

環状共役化合物で，環内に（$4n+2$）個の π 電子を持つ系を芳香族という．

ベンゼンの結合様式は図 B のようである（コンセプト 33，34）．二重結合 1 個には 2 個の π 電子が存在するから，3 個の二重結合を持つベンゼンは計 6 個で，（$4n+2$）個の π 電子を持つことになる（$n=1$）．

ピリジンは窒素原子を含む芳香族である．窒素原子は図に示したように sp^2 混成であり，3 本の混成軌道のうち 1 本には 2 個の電子が入って非共有電子対を作る．π 系はベンゼンと同じなので 6 個の π 電子を含み，芳香族である．

ピロールの窒素原子も sp^2 混成であるが，非共有電子対は p 軌道に入る．結合状態は図に示したようであり，非共有電子対を入れた p 軌道が共役系に参加するので，π 電子数は各炭素原子上に 1 個，そして窒素の p 軌道上の 2 個の，併せて 6 個となり，芳香族である．

芳香族性

芳香族性は三つの観点から見ることができる．構造，エネルギー，反応性である．

1 構造：結合交代がない．

ベンゼンの結合状態は C−H 結合はすべて等しい．つまり，一重結合部分と二重結合部分に分かれているのではない．これを結合交代がないという．

2 エネルギー：大きい非局在化エネルギー（共鳴エネルギー）を持つ．

表に芳香族と非芳香族の非局在化エネルギーの値をまとめた．芳香族のほうが大きい値を持ち，安定なことがわかる．

3 反応性：付加反応を起こさない．

一般に安定で反応性に乏しい．反応をするにしても，芳香族構造が保たれる置換反応が多く，芳香族構造の破壊される付加反応は非常に起きにくい．

芳香族

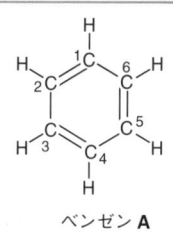

ベンゼン **A**

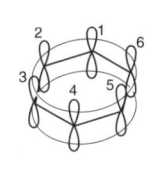

B

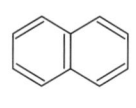

ナフタレン

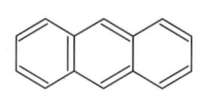

アントラセン

ピリジン

非共有電子対

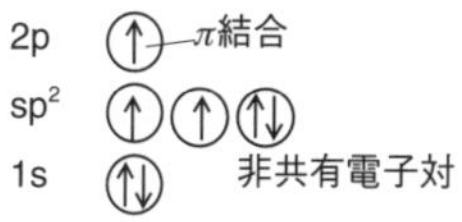

2p ↑ π結合
sp² ↑ ↑ ↑↓
1s ↑↓ 非共有電子対

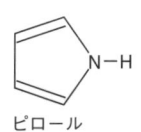

ピロール

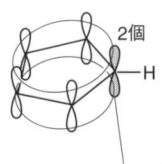

2個
非共有電子対

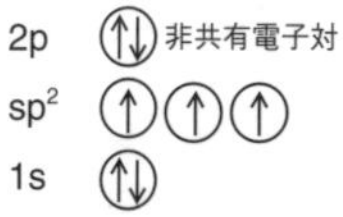

2p ↑↓ 非共有電子対
sp² ↑ ↑ ↑
1s ↑↓

芳香族性

構造

1.4Å 結合交代なし

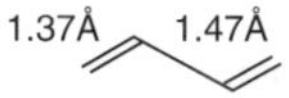

1.37Å 1.47Å 結合交代あり

	構造	エネルギー	
		非局在化エネルギー* (kcal/mol)	共鳴エネルギー* (kcal/mol)
芳香族	○	5.5	6.0
	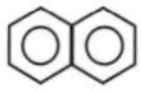 ○○	6.1	6.1
非芳香族	 ／＼／	2.0	0.9
	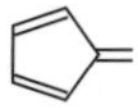 ◇	4.6	1.1

*π電子1個当りの値

concept 89 誘起効果（I 効果）

σ結合電子雲の形が偏ることによって結合に極性が生じることを，誘起効果という．

Key word 置換基効果，電子求引性，電子供与性

誘起効果

炭素に，炭素より電気陰性度の大きい原子 X が結合すると，C−Xσ 結合の結合電子雲は X 側に引き寄せられ，X は負に，炭素は正に荷電する．このように，**置換基によってσ 結合電子雲の形が変形し，結合に極性が生じることを誘起効果（Inductive Effect，I 効果）**という．

電子求引性・電子供与性

X の電気陰性度が炭素より大きければ，電子は炭素から置換基のほうへ引き出される．このとき X は電子求引性の誘起効果（+ I 効果）を持つといい，X を電子求引基という．一方，メチル基は基質にσ 結合を通じて電子を供与する働きがある．このような効果を電子供与性誘起効果（− I 効果）という．

電子求引性，供与性置換基のいくつかを表にまとめた．

酸・塩基と誘起効果

図に電子求引基の効果を酢酸を例にして示した．塩素が付くと電子を求引し，その結果 O−H 結合の電子が O 側に求引され，H は H+ として外れやすくなる．その結果，酸としての強度が強くなる．表に例を示した．塩素がたくさん付くほど酸の強度が強くなっている．このように**置換基効果には加成性がある**．

電子供与性誘起効果をアミンを例にとって図に示した．メチル基が付くと窒素原子上の電子密度が増え，結果的に非共有電子対の電子密度が増えるので H+ を捕まえやすくなり，塩基性が強まる．表に見るとおり，メチル基の個数が増えると塩基性が強くなっている．ただし，**メチル基が 3 個付くと，窒素原子上の電子対の周りが立体的に込みすぎ，H+ が近づきにくくなるため，塩基性は弱まってしまう．**

第14章◆有機化合物の性質

誘起効果

電気陰性度　同　　同　　　　　　　　　小　　大
　　　　　　　　対称
　　　　　C ― C　　　　　　　　　　δ+　　δ−
　　　　　　　　　　　　　　　　　　 C ― X

電子求引性・電子供与性

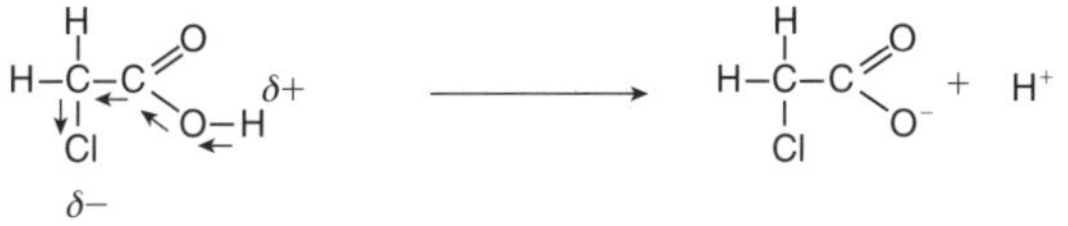

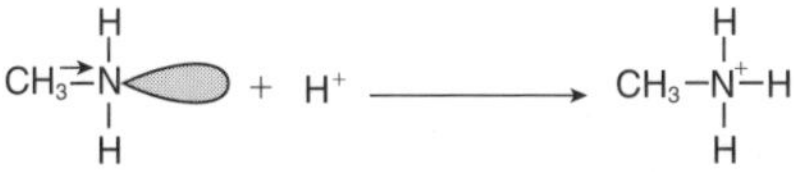

電子求引性誘起効果
　ハロゲン原子，−OR，−NR$_2$，−NO$_2$，
　−C=O，C=NR，−C≡N

電子供与性誘起効果
　アルキル基，−NR$^-$，−O$^-$，−S$^-$

酸・塩基と誘起効果

構造	pK_a		構造	pK_a	
CH_3-CO_2H	4.76	強酸 ↓	NH_3	4.78	強塩基 ↓
$ClCH_2-CO_2H$	2.87		CH_3NH_2	10.6	
Cl_2CH-CO_2H	1.29		$(CH_3)_2NH$	10.7	
Cl_3C-CO_2H	0.15		[$(CH_3)_3N$	9.8]	

concept 90 共鳴効果（R 効果）

π 結合を通じて現れる置換基効果を共鳴効果（Resonance Effect, R 効果）という．逆向きに働く二つの効果があるので，注意を要する．

Key word 置換基効果，エレクトロメリー効果（E 効果）

電気陰性度に関係する分

C=C 二重結合にカルボニル基 C=O が付くと，電気陰性度の大きい酸素が二重結合の π 電子を引きつけ，二重結合は電子欠乏性になる．すなわち，酸素が負に，二重結合炭素が正に荷電する．要するに，I 効果の向きと同じである．

このように，π 結合を通じて現れる置換基効果を共鳴効果（R 効果），あるいはエレクトロメリー効果という．カルボニル基は電子求引性基である．

非共有電子対に関係する分

C=C 二重結合に塩素原子が付いた例を考えてみよう．塩素原子には非共有電子対がある．これが炭素上の π 結合に非局在化することができる（コンセプト 88）．その結果，**非共有電子対の電子は二重結合を構成する炭素原子上に流れ出すことになる．** すなわち，塩素の非共有電子対として 2 個，C=C 結合として 2 個，計 4 個の π 電子が 3 個の原子上に分散するので，各原子上の π 電子数は 4/3 個になる．その結果，炭素上の電子は 1/3 個増え，塩素では 2/3 個減る．**この結果，塩素は正に，炭素は負に荷電することになる．**

これは I 効果の逆である．変ではないか．電気陰性度の大きい塩素は，炭素の σ 電子を奪って負に荷電するはずではなかったのか（コンセプト 89）．

結局どうなる？

I 効果は σ 電子に関係し，R 効果は π 電子に関係する．塩素のように，I 効果にも R 効果にも関係する基の正味の効果は，両者の和（差）になる．表にいくつかの例を示した．数値は結合の双極子モーメント（部分電荷 δ と電荷間の距離 r の積）を表す．左のカラムは I 効果のみである．中央のカラムは，I 効果の電荷を逆向きの R 効果で一部減殺している．右のカラムでは三重結合なので，R 効果が π 結合 2 本分，すなわち 2 倍になって効いている．

電気陰性度関係

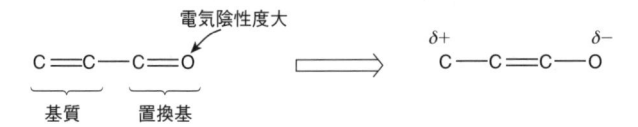

電気陰性度大 → 置換基

基質 置換基

$$C=C-C=O \Rightarrow \overset{\delta+}{C}-C=C-\overset{\delta-}{O}$$

非共有電子対関係

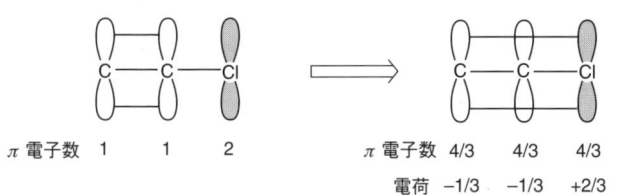

C—C—Cl ⇒ C—C—Cl

π電子数　1　1　2　　　　π電子数　4/3　4/3　4/3
　　　　　　　　　　　　　　電荷　　−1/3　−1/3　+2/3

結局どっち？

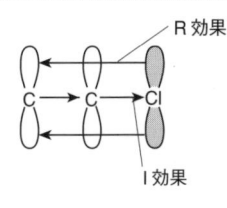

R効果

(+) R効果
(−) I効果

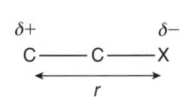

I効果

IとRの
つなひきに
ナリマース

$$\overset{\delta+}{C}—\overset{\delta-}{C}—X$$
　　　r

結合モーメント　$\mu = \delta \times r$

	CH_3-CH_2-X	$CH_2=CH-X$	$HC\equiv C-X$
Cl	2.05	1.44	0.44
Br	2.02	1.41	0.0
I	1.90	1.26	
効果	→　I	→　I　　←　R	→　I　　←　R　　←　R

concept 91 置換基定数

置換基効果の強弱を数値化したものを置換基定数（σ, シグマ）という．

Key word 置換基効果，ハメット則，反応因子（ρ）

電子求引性の置換基を正，電子供与性を負として，その効果の大きさを数値化した値を置換基定数（σ）という．値が正に大きいほど電子求引性の強い基であり，負に大きいほど電子供与性が強いことを意味する．

いくつかの置換基に対して置換基定数を表に示した．

column ハメット則

置換基を持たない化合物の反応速度を k，置換基 X を持つ化合物の反応速度を k_X としたとき，式 $\log(k_X/k) = \rho\sigma$ が成り立つことをハメット則という．係数 ρ（ロー）を反応因子という．

分子 Ph−A が Ph−B に変化する反応を考えてみよう．

フェニル基（Ph）上に，置換基のない化合物を用いた場合の反応速度定数を k とする．一方，フェニル基上に置換基 X を持った分子の速度定数を k_X とする．置換基 X をいろいろ変えて速度定数を測定する．そして，速度定数の比の対数と置換基の σ 値の間でグラフを作製する．グラフのパターンとしては，基本的に図の①，②，③の三つのケースがありうる．

① 置換基を変化させても反応速度が変化しないわけであり，反応に置換基効果が現れていないことを意味する．

② 直線の傾き ρ（反応因子）が負になっている．電子供与性置換基が付いていると反応が速く，求引性置換基が付くと遅くなることを示す．電子供与性置換基が付くと反応が有利になることを示す．

③ ρ が正であり，電子求引性置換基が付くと反応に有利になることを示す．

以上のことは，反応の反応機構を考察するうえで大きな手がかりになるものである．

置換基定数

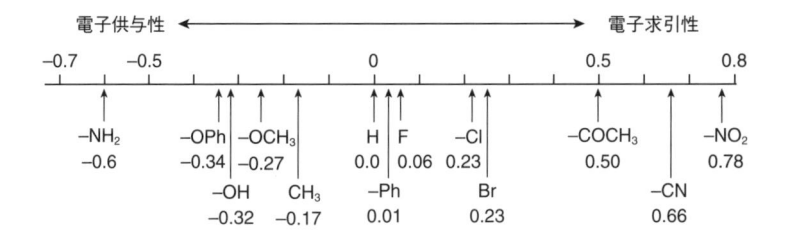

電子供与性 ← → 電子求引性

```
−0.7      −0.5              0            0.5        0.8
 ↑         ↑      ↑  ↑      ↑  ↑    ↑      ↑         ↑
−NH₂     −OPh  −OCH₃      H   F   −Cl   −COCH₃    −NO₂
−0.6    −0.34  −0.27     0.0 0.06 0.23   0.50      0.78
         −OH   CH₃       −Ph      Br     −CN
        −0.32 −0.17      0.01    0.23    0.66
```

$$\log \frac{k_X}{k_H} = \rho\sigma$$

ハメット則に従うのはイオン的な反応デース

エライ，ハムよく勉強したねー！

ペンギン先生

縦軸: $\log \dfrac{k_X}{k_H}$　横軸: σ

① $\rho = 0$の水平線
② $\rho < 0$
③ $\rho > 0$

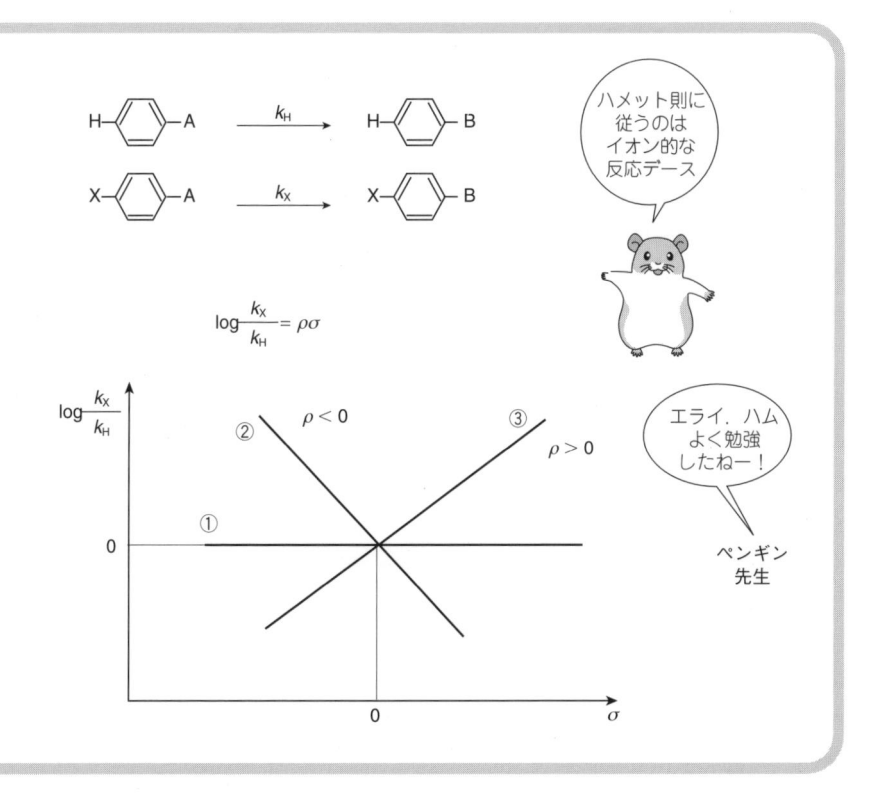

15章 有機化合物の反応

concept 92 反応式

反応式（化学反応式）は出発物質と生成物の関係を表したものである．

Key word｜電子対，ラジカル，イオン，結合切断，結合生成

結合と電子

原子 A と B が一重線で結ばれていれば，A と B が σ 結合で結ばれていることを意味する．原子 A，B 間には σ 電子が 2 個存在するのであり，したがって結合を表す一重線が 2 個の電子に相当する．二重線で結ばれていたら，σ 結合と π 結合とで二重に結ばれている．σ 結合も π 結合も 2 個ずつの電子で構成されるから，AB 間には 4 個の結合電子が存在する．

結合の切断と生成

結合の切断にはラジカル的切断とイオン的切断の 2 種類がある．

ラジカル的切断は 2 個の結合電子が A と B に分かれるもので，生成物 A・，B・をそれぞれラジカルという．表記には片羽根の矢印を用いる．片羽根矢印は電子対ではなく，1 個の電子の動きを表す約束である．

イオン的切断では 2 個の結合電子は A か B のどちらかに付く．電子対の動くほうへ両羽根の矢印で表す．2 個の電子を受け取ったほうは（表では A）原子状態より電子が 1 個増えたのだから陰イオン（A⁻）となり，電子を受け取らなかったほう（B）は原子状態より電子が 1 個少なくなるのだから陽イオン（B⁺）となる．

結合生成にもラジカル的生成とイオン的生成がある．表記法とその説明は図に示したとおりである．

π 結合の移動

共役二重結合の反応では二重結合の位置が移動することがある．この場合には共役系の両端の原子のうち片方が正に，もう片方が負に荷電する．矢印による表記法と，π 電子対の動きの関係は図に示したとおりである．移動の結果，A は原子状態より電子が少なくなり，B は増えている．したがって A は正に，B は負に荷電する．

結合と電子

	表記法	結合	電子
一重結合	A—B	A⊂σ⊃B	A•　•B　σ電子
二重結合	A=B	A⊂π⊃B ⊂σ⊃	A•　•B　π電子 / σ結合

結合の切断と生成

		結合切断	結合生成
ラジカル反応	表示法	A—B ⟶ A• + •B　ラジカル　ラジカル	A• + •B ⟶ A—B
	説明図	A(••)B ⟶ A• + •B　σ電子対　不対電子	A• + •B ⟶ A(••)B　σ電子対
イオン反応	表示法	A—B ⟶ A⁻ + B⁺　陰イオン　陽イオン	A⁻ + B⁺ ⟶ A—B
	説明図	A(••)B ⟶ A⁻ + B⁺　非共有電子対	A⁻ + B ⟶ A(••)B　非共有電子対

π 結合の移動

表記法	A=B—C=D ⟶ A⁺—B=C—D⁻
説明	A(••)B—C(••)D ⟶ (A⁺)(B)(••)(C)(Ḋ⁻)

concept 93 — 求核反応・求電子反応

求核試薬による反応を求核反応，求電子試薬による反応を求電子反応という．

Key word 求核試薬，求電子試薬，求核攻撃，求電子攻撃

試薬

　原子核は正に荷電し，電子は負に荷電している．そこで，正電荷目がけて攻撃する試薬を求核試薬，負電荷を攻撃する試薬を求電子試薬という．小さい分子 A と大きい分子 B が反応するとき，"A が B を攻撃する"と表現する．したがって，求核試薬，求電子試薬と表現されるのは A のほうである．

求核反応

　表に求核反応の例をまとめた．上段が表記法であり，下段が説明である．説明図では○の中に電子を表す●が1個の場合が中性，2個の場合には−となる．
① 　陰イオン A⁻ が求核試薬となって陽イオン B⁺ を求核攻撃する例である．生成物は中性分子 AB である．
② 　陰イオンが中性分子 B を求核攻撃するものである．B は攻撃された結果，形式的に電子が 1 個増えたことになるので負に荷電することになる．
③ 　陰イオンが二重結合を攻撃する例である．電子の動きを見ればわかるように反応後，A の電子は A–B 結合に使われるので中性になるが，C には B–C 間の π 電子が来るので C は負に荷電する．
④ 　非共有電子対を持つ A が空軌道を持つ B を求核攻撃する例である．中性分子 AB が生成するが，新しくできた結合は配位結合である．

求電子反応

　図の例は求電子試薬 A⁺ が二重結合を求電子攻撃するものである．
　まず注意すべきことは矢印の表記法である．**反応式における矢印の向きは電子対の動きを表すもので，分子の動く方向を表すものではない**．したがって矢印は二重結合（の π 電子対）から求核試薬に向かうことになる．
　反応の結果，A は電子 1 個を受け取って中性になるが，C は電子を 1 個失うので正に荷電することになる．

試 薬

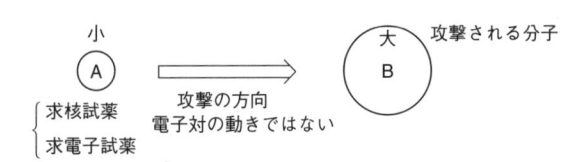

小 A ⟹ 大 B　攻撃される分子

{ 求核試薬
　求電子試薬 }

攻撃の方向
電子対の動きではない

求核反応

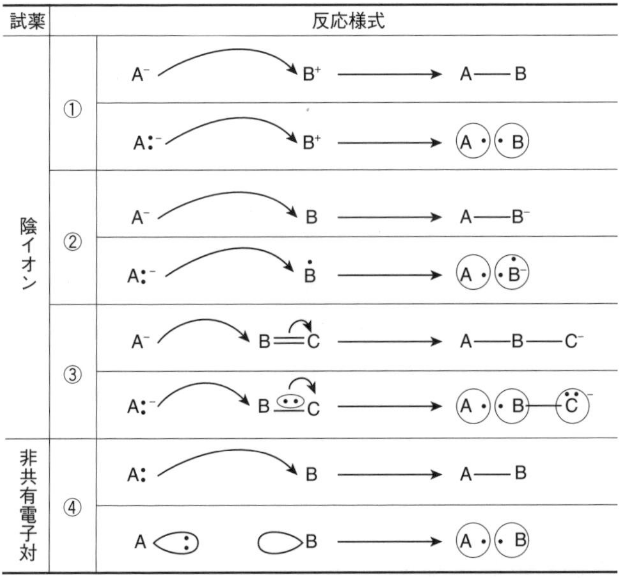

試薬		反応様式
陰イオン	①	A^- ⌒→ B^+ ⟶ A—B $A:^-$ ⌒→ B^+ ⟶ (A・・B)
	②	A^- ⌒→ B ⟶ A—B^- $A:^-$ ⌒→ $\dot{B}$ ⟶ (A・・$\dot{B}$)
	③	A^- ⌒→ B═C↷ ⟶ A—B—C^- $A:^-$ ⌒→ B⚬⚬C ⟶ (A・・B)—($\ddot{C}$)
非共有電子対	④	A: ⌒→ B ⟶ A—B A⟨:⟩　B ⟶ (A・・B)

求電子反応

試薬	反応様式
求電子試薬	A^+ ⌒→ B═C ⟶ A—B—C^+ A^+ ⌒→ B⚬⚬C ⟶ (A・・B)—(C^+)

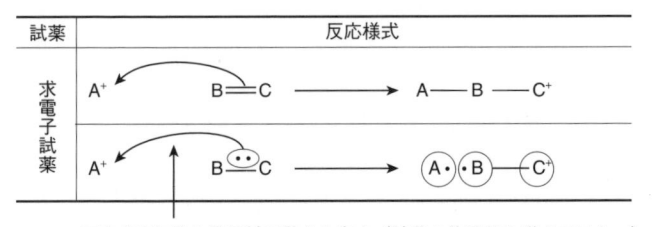

反応式の矢印は電子対の動きを表す（試薬の物理的な動きではない）

concept 94 — S_N1 反応・S_N2 反応

求核基によって置換基が置き換わる反応を求核置換反応という．そのうち，一分子的に進行する反応を一分子的求核置換反応（S_N1），二分子的に進行する反応を二分子的求核置換反応（S_N2）という．

Keyword 置換反応，求核置換反応，光学活性，ラセミ，ワルデン反転

求核置換反応

分子 AX の置換基 X が Y に置き換わる反応を置換反応（Substitution Reaction）という．Y が求核的に反応しているとき，特に求核置換反応（Nucleophilic Substitution Reaction，S_N 反応）という．

S_N1 反応

分子 AX が自発的に A^+ と X^- に分解し，陽イオン A^+ が求核試薬 Y^- と反応するというように，反応が二段階に進む反応を一分子的求核置換反応（S_N1 反応）という．分解の段階が一分子で進行するので"一分子的"という．

光学活性物質を用いて反応を行ってみよう．分解によって生じた陽イオンの炭素は sp^2 混成となり，そのためイオンは平面形となる．このイオンを Y^- が攻撃する場合，攻撃方向には図の a，b 両方がある．それぞれから生じる生成物は互いに鏡像体（光学異性体）となっている．したがって，**生成物は全体としてラセミ化することになる**．

S_N2 反応

S_N2 反応では反応の途中で，AX と Y^- が反応した $(Y-A-X)^-$ という中間体を通る．そのため二分子的求核置換反応と，反応名に"二分子"がつく．Y^- が AX を攻撃する方向は限定されている．それは脱離する置換基 X を後ろから追い出すように，X の裏側から攻撃しなければならないからである．その結果，生成物の立体構造は図に示したものに限定されることになる．このため，**S_N2 反応では光学活性物質を反応すると光学活性物質が生成する**ことになる．

ただし，**置換基の位置は X と Y とで反対方向になる**．これを発見者の名前をとってワルデン反転という．

求核置換反応

$$A—X + Y^- \longrightarrow A—Y + X^-$$
          求核試薬

S_N1 反応

$$A—X \longrightarrow A^+ + X^-$$
$$A^+ + Y^- \longrightarrow A—Y$$

不斉炭素

光学活性体 → 鏡像異性 / ラセミ混合物

S_N2 反応

$$A—X + Y^- \longrightarrow (Y\cdots A\cdots X)^- \longrightarrow Y—A + X^-$$

光学活性体 → ワルデン反転 → 光学活性体

94◆S_N1反応・S_N2反応

concept 95 — シス付加・トランス付加

二重結合に分子 AB が付加するとき，原子団 A，B が二重結合の同じ面に付加する反応をシス付加，互いに反対側に付加する反応をトランス付加という．

Key word　付加反応，接触還元，触媒，活性水素，ブロモニウムイオン，ハロニウムイオン

シス付加

　図に示した例は接触還元といわれる反応である．水素ガスを触媒（パラジウム Pd や白金 Pt など）に吸着させると，水素分子は触媒（図では Pd）と弱い結合を結ぶ．その結果，水素原子間の結合は弱まることになる．この状態の水素は反応性に富むので活性水素と呼ばれる．

　ここに二重結合が近づくと，活性水素は待ってましたとばかりに反応する．ただし，図からわかるように，2 個の水素原子はともに二重結合の同じ側（図では下面）から攻撃することになる．このように**二重結合の同じ面に付加する反応をシス付加という**．

トランス付加

　トランス付加の代表的な例は臭素付加である．この反応はまず臭素陽イオン Br^+ が攻撃し，次いで陰イオン Br^- が攻撃するという二段階反応で進行する．

　Br^+ の電子配置は図に示したもので，3p 軌道の 1 本が空軌道となっている．Br^+ は二重結合を攻撃し，自身の空軌道を二重結合の p 軌道に接触させて中間体を作る．Br^+ をチョウにたとえたら，チョウが 2 本の枝に羽根を支えられて休んでいるような寸法である．このイオンを臭素にちなんでブロモニウムイオンという．**一般にハロゲン原子がこのようなイオンを作った場合，ハロニウムイオンという**．

　第 2 段階として，この中間体を Br^- が攻撃する．Br^+ が休んでいる側（図では上面）は Br^+ が立体的にじゃまになって攻撃できない．したがって，空いている側（下面）からしか攻撃できないことになる．ただし，a，b 両方の攻撃ができる．その結果，図に示した 2 種の生成物が生じることになる．

　いずれにしろ，**臭素原子の片方は二重結合の上面に付加し，もう片方は下面に付加する．互いに二重結合の反対面に付加する反応をトランス付加という**．

シス付加

H—H → Pd に吸着 → H⋯H 活性水素 / Pd

→ シス付加 →

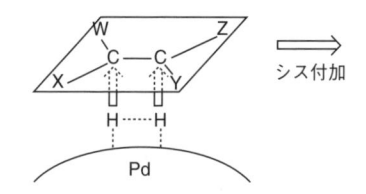

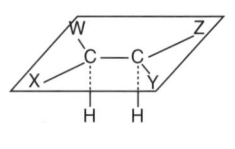

トランス付加

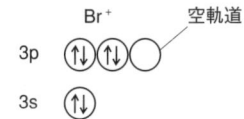

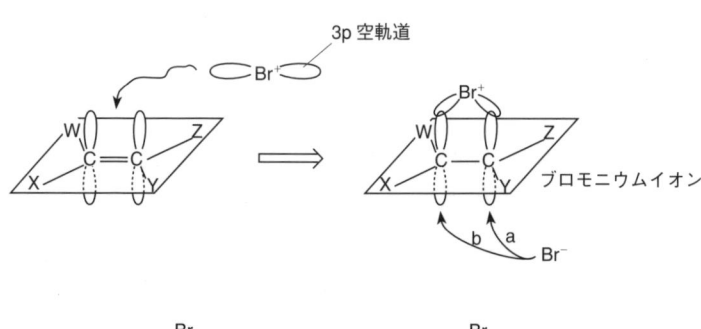

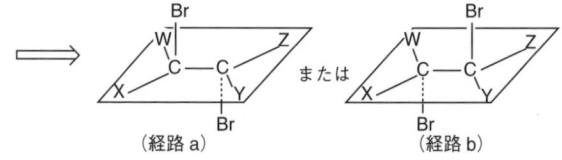

$Br_2 \longrightarrow Br^+ + Br^-$

Br^+
3p (↑↓)(↑↓)(　) 空軌道
3s (↑↓)

3p 空軌道

→ ブロモニウムイオン

Br⁻ (経路 a, b)

→

Br / Br （経路 a）　または　Br / Br （経路 b）

95◆シス付加・トランス付加

concept 96 — E1 反応・E2 反応

一重結合から二つの置換基が外れて二重結合が生成する反応を脱離反応という．反応が 1 分子のみで進行するものを一分子的脱離（E1 反応），2 分子が関与して進行するものを二分子的脱離反応（E2）反応という．

Key word 脱離反応，シン脱離，アンチ脱離

E1 反応

出発物質 **A** から分子 HX が脱離し，生成物 **P** を与えるのが脱離反応（Elimination Reaction）である．このとき，反応が二段階で進行し，**まず脱離基 X⁻ が脱離し，次いで H⁺ が脱離する反応を一分子的脱離反応，E1 反応という**．反応に関与する分子が **A** だけなので一分子反応という意味で反応名に 1 を付ける．

反応機構を詳しく検討すると次のようになる．X⁻ が脱離して生じる **B** には 2 種の回転異性体（配座異性体），B_1，B_2 が存在する．B_1 からは生成物 P_1 が，B_2 からは P_2 が生成することになる．**どちらが多く生成するかは，置換基 P，Q にかかっており，立体反発の小さいものが主生成物となる．**

E2 反応

出発物質 **A** に塩基（陰イオン）B⁻ が攻撃し，生成物 **P** を与える．反応には **A** と B⁻ の 2 分子（種）が関与するので，E2 反応という．

反応は塩基 B⁻ が脱離基 X の隣の水素原子を攻撃し，これに伴って C−H 結合の σ 結合電子対が C−C 結合に移動し，その結果脱離基 X が X⁻ として脱離するというものである．

問題は出発物質 **A** の立体配置（回転異性体）である．A_1 と A_2 の 2 通りがある．A_1 では脱離する H と X が分子の同じ側にあり，このような立体配置から進行する脱離をシン脱離という．それに対して A_2 では反対側にあり，このような脱離をアンチ脱離という．

立体配置 A_2 のほうが置換基どうしの立体反発が少なく，エネルギー的に有利なこと，また，新たな二重結合の生成にも有利なことから **E2 反応ではアンチ脱離が主に進行し，生成物 P_2 が主生成物となる．**

E1反応

$$PQXC-CHQP \xrightarrow{-X^-} PQ\overset{+}{C}-CHQP \xrightarrow{-H^+} PQC=CQP$$
$$\quad A \qquad\qquad\qquad B \qquad\qquad\qquad P$$

E2反応

$$PQXC-CHQP \xrightarrow{B^-} PQC=CQP + HX$$
$$\quad A \qquad\qquad\qquad P$$

シン脱離

アンチ脱離

concept 97 ザイツェフ則・ホフマン則

脱離反応によってオレフィンが生成するとき，ザイツェフ則は置換基の多いオレフィンが生成するといい，ホフマン則は置換基の少ないものが生成するという．

Key word 脱離反応，置換基

脱離の方向

出発物質 **A** から HBr が脱離してアルケンを与える反応である．脱離可能な水素が 2 種類ある．C_1 に付いている水素と C_3 に付いている水素である．後者が脱離すると生成物は **B** となり，前者では **C** となる．このとき **B** をザイツェフ則に従った生成物といい，後者をホフマン則に従った生成物という．

生成物 **B** と **C** の違いは二重結合に付く置換基（図では丸で囲った）の個数である．**B** は 3 個の置換基を持つが **C** では 2 個である．すなわち，**ザイツェフ則は置換基の多いアルケンが生成する**といい，反対に**ホフマン則では置換基の少ないアルケンが生成する**という．

表を見てみよう．用いる塩基 B^- によってザイツェフ則が有利になったり（$B^- = CH_3CH_2O^-$），ホフマン則が有利になったり（$B^- = (CH_3)_3CO^-$）している．すなわち，反応がザイツェフ則に従うかホフマン則に従うかは塩基の種類によって異なることがわかる．

ザイツェフ則とホフマン則

一般にアルケンは置換基が多いものほどエネルギー的に安定なことがわかっている．したがって脱離反応で生成するものはザイツェフ則に従うはずである．

ホフマン則に従うのは例外的な反応である．それはどのような場合か．それを図に示した．塩基が立体的に大きい場合である．図に示したように，大きな塩基 $(CH_3)_3CO^-$ はメチル基にじゃまされて C_3 位の水素原子に近づくことができない．そのため生成物 **B** を生じることができないのである．

結論は次のようなものである．

脱離反応は基本的にザイツェフ則に従う．しかし，塩基が大きい場合はホフマン則に従う．

脱離の方向

A: $CH_3-CH_2-\underset{|}{\underset{CH_3}{\overset{Br}{\overset{|}{C}}}}-CH_3$ (位置 4, 3, 2, 1)

$\xrightarrow[-HBr]{B^-}$

B: $\underset{3}{CH_3}-CH=\underset{2}{C}(\underset{1}{CH_3})(CH_3)$ — C_3–H 脱離 置換基3個 **ザイツェフ則**

C: $\underset{4}{CH_3}\underset{3}{CH_2}-\underset{2}{C}(CH_3)=\underset{1}{CH_2}$ — C_1–H 脱離 置換基2個 **ホフマン則**

B^-	B	:	C	規則
CH_3-CH_2-ONa	70	:	30	ザイツェフ則
$CH_3-\underset{\underset{CH_3}{\|}}{\overset{\overset{CH_3}{\|}}{C}}-ONa$	27	:	73	ホフマン則

ホフマン則

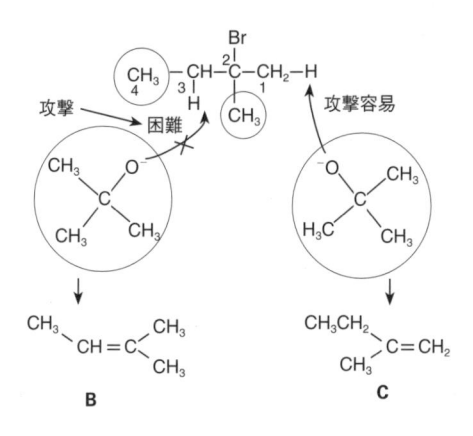

攻撃困難 / 攻撃容易

B: $CH_3-CH=C(CH_3)(CH_3)$

C: $CH_3CH_2-C(CH_3)=CH_2$

スミマセン 太っちゃった もので.

大きいハムスターは せまい所は通れません

97◆ザイツェフ則・ホフマン則

concept 98 — マルコフニコフ則

非対称なアルケンに臭化水素 HBr が付加する場合，2 種の付加体が生じる可能性がある．このとき，マルコフニコフ則は，置換基がたくさん付いた炭素原子に臭素原子が付加した生成物が生じると予測する．

Key word 付加反応，置換基，電子供与基，陽イオン中間体

付加の方向

アルケン **A** は，二重結合を構成する 2 個の炭素 C_1 と C_2 に付いている置換基の数が違う．すなわち，C_1 には 2 個，C_2 には 1 個付いている．アルケン **A** に HBr が付加する場合，臭素原子が C_1 に付くか C_2 に付くかによって 2 種の生成物 **B**，**C** が生じる可能性がある．しかし，実際の反応で生じるのは **C** のみで，**B** は生成しない．

すなわち，**置換基の多く付いている C_1 に臭素原子が付加した生成物が生成する**．これを発見者の名前をとってマルコフニコフ則という．

反応機構

臭化水素付加反応の反応機構は次のようなものである．まず臭化水素が解離して H^+ と Br^- になる．アルケンへの付加は 2 段階で進行する．第 1 段階で H^+ がアルケンに付加して陽イオン中間体を作り，第 2 段階で Br^- が付加して生成物を与える．

アルケン **A** に H^+ が付加する際には C_1 に付くか（経路Ⅰ），C_2 に付くか（経路Ⅱ）の 2 通りある．生じる陽イオン中間体はそれぞれ **D** と **E** である．

D と **E** の違いを炭素陽イオンに着目して調べてみよう．イオン **D** では炭素陽イオンに置換基としてアルキル基（図では丸で囲った）が 2 個付いている．それに対して **E** では 3 個付いている．

アルキル基は，相手に電子を与える電子供与基である．炭素陽イオンは電子が欠乏しているのだから，そこに電子供与基がたくさん付けばそれだけ安定になる． したがって H^+ は経路Ⅱに従って C_2 に付き，陽イオン中間体 **E** を与えることになる．**E** に Br^- が付加すれば最終生成物 **C** となる．

以上の理由でマルコフニコフ則が成立することになる．

第15章◆有機化合物の反応

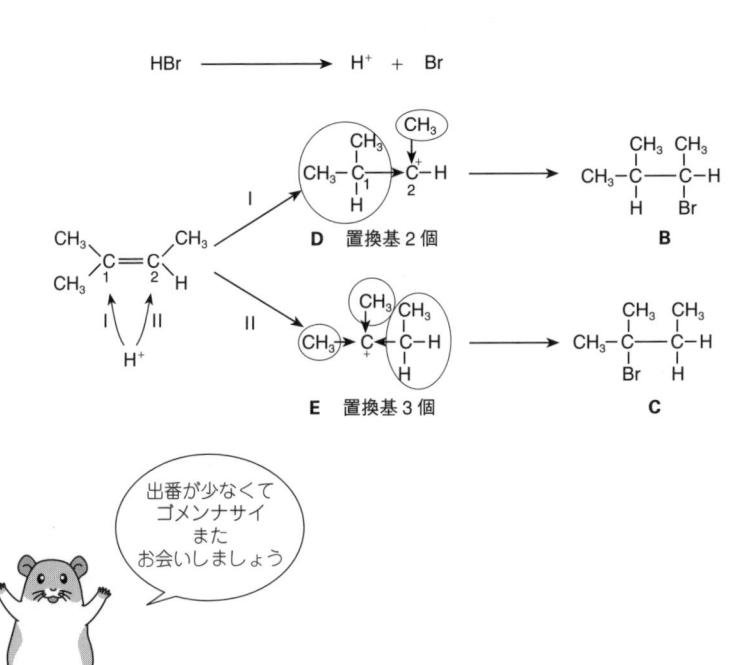

付加の方向

$$CH_3\text{-}C(CH_3)=CH\text{-}CH_3 + HBr \longrightarrow B \text{ 生成しない} \quad C \text{ 生成する}$$

- **A**: $(CH_3)_2C^1=C^2H(CH_3)$ に H^+ が位置 I または II から付加
- **B**: $CH_3\text{-}CH(CH_3)\text{-}CHBr\text{-}H$ (生成しない)
- **C**: $CH_3\text{-}CBr(CH_3)\text{-}CH_2\text{-}H$ (生成する)

反応機構

$$HBr \longrightarrow H^+ + Br^-$$

経路 I: → **D** 置換基2個 (第二級カルボカチオン) → **B**

経路 II: → **E** 置換基3個 (第三級カルボカチオン) → **C**

出番が少なくて
ゴメンナサイ
また
お会いしましょう

98◆マルコフニコフ則

concept 99 — 配向性

置換基を有するベンゼンに置換反応を行ったとき，新たに入る置換基の位置がオルト位とパラ位に限定される場合をオルト・パラ配向，メタ位に限定される場合をメタ配向という．

Key word | オルト・パラ配向性，メタ配向性，求電子置換反応，S_E反応

配向性

置換基 X を有するベンゼン誘導体 A に，硫酸と硝酸の混酸を作用させるとニトロ化が起こる．生成物としては図の B，C，D が生じる可能性があるが，3種全部が生じることはない．**置換基 X の違いによって，ある置換基では B と D，ある置換基では C のみが生じる．前者はオルト・パラ配向性，後者はメタ配向性の置換基と呼ばれる．**

ニトロ化

ニトロ化の機構は次のように進行する．硝酸に H^+ が付加して陽イオン中間体が生じ，そこから水が取れてニトロニウムイオン NO_2^+ が生じる．NO_2^+ がベンゼンに求電子攻撃して陽イオン中間体 E を生成し，そこから H^+ が脱離して最終生成物のニトロベンゼン F を生じるというものである．**このように求電子的に生じる置換反応を求電子置換反応（S_E反応）という．**

電荷分布

配向性は置換基によってベンゼンの電荷分布に違いが出ることに起因する．

メチル基のような電子供与基が付いた場合，ベンゼン環には置換基から電子が供与される．しかし，その供与のされ方はどの位置でも同じというわけではなく，主にオルト位とパラ位に多く供与される（p. 156 コラム参照）．このようなベンゼン環を正に荷電した NO_2^+ が攻撃する場合，どの位置を攻撃するであろう．負に荷電したオルト位とパラ位に決まっている．

一方，ニトロ基のような電子求引基は主にオルト位とパラ位から電子を求引する．したがって主にオルト位とパラ位が正に荷電する．NO_2^+ は主にオルト位とパラ位を避けて攻撃するので，結果としてメタ位を攻撃することになる．

このような理由によって配向性が現れることになる．

配向性

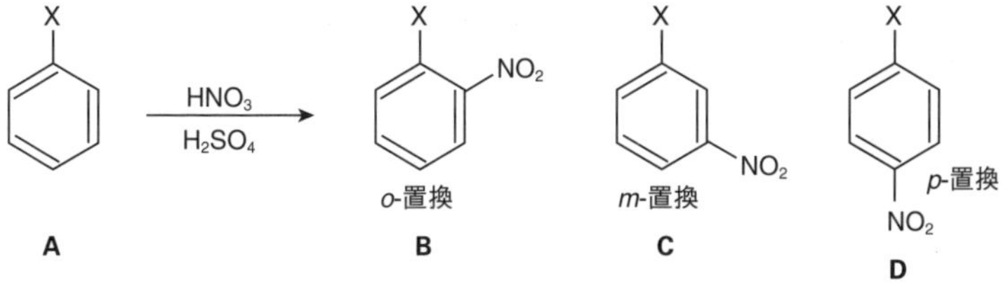

A → (HNO₃ / H₂SO₄) → B (o-置換), C (m-置換), D (p-置換)

ニトロ化

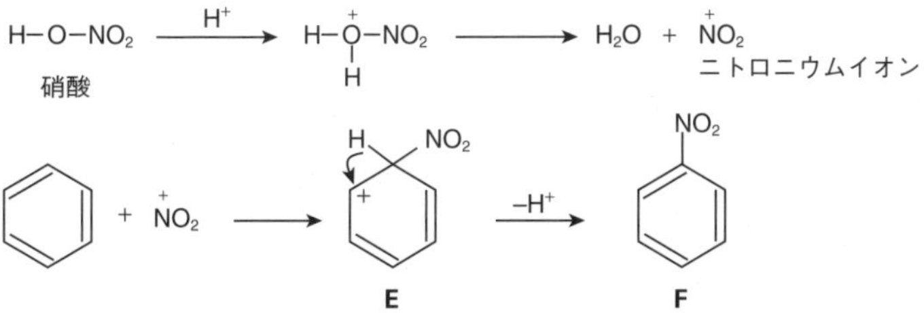

$H-O-NO_2 \xrightarrow{H^+} H-\overset{+}{O}(H)-NO_2 \longrightarrow H_2O + \overset{+}{N}O_2$ ニトロニウムイオン

硝酸

ベンゼン + $\overset{+}{N}O_2$ → E → (−H⁺) → F

電荷分布

G (δ−, δ−, δ−, CH₃) + $\overset{+}{N}O_2$ → (o,p配向) → H (CH₃, NO₂ オルト) + I (CH₃, NO₂ パラ)

J (δ+, δ+, δ+, NO₂) + $\overset{+}{N}O_2$ → (m配向) → K (NO₂, NO₂ メタ)

分子のどの部分が＋あるいは−になるかを表したものを電荷分布と言うのジャ

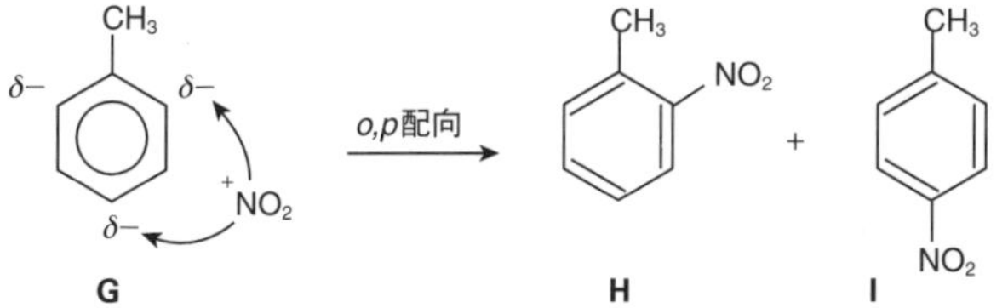

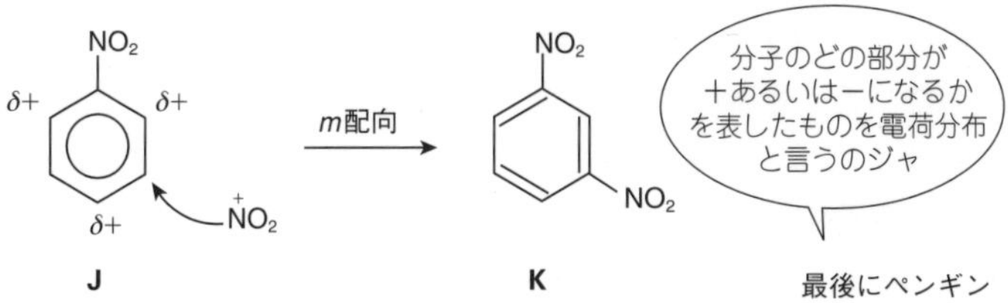

最後にペンギン先生の声の出演

concept 100 立体選択性

反応によって複数個の立体異性体が生じる可能性があるのに，そのうちの 1 種しか生成しないとき，その反応は立体選択性があるという．

Key word S_N2 反応，ディールス-アルダー反応，エンド体，エキソ体，ウッドワード-ホフマン則，フロンティア軌道理論

S_N2 反応

コンセプト 94 で明らかにしたように，光学活性体 **A** に S_N2 反応をした場合，**生成物として可能性のある B，C の異性体のうち，B のみが生成した**．このような反応を立体選択的な反応という．

ディールス-アルダー反応

立体選択的な反応の一つにディールス-アルダー（Diels-Alder）反応がある．**D** と **E** が環状付加して **F** を与えるものである．この反応をシクロペンタジエン **G** と無水マレイン酸 **H** との間で行うと付加体 **I** が生成する．付加体 **I** には 2 種の立体異性体が存在する．エンド体 **J** とエキソ体 **K** である．**ディールス-アルダー反応ではエンド体 J が主生成物となることが知られている**．

J と **K** を比べて，もし **J** のほうが立体的に安定であるなら，この選択性はあまり問題にならない．ただ単に，安定なものが主に生成したというだけの話である．しかし，モデルを組んで検討した結果，安定体はエキソ体 **K** のほうであった．

フロンティア軌道理論

では，立体的に不安定なエンド体 **J** がなぜ，主生成物となったのか．

これはフロンティア軌道理論，あるいはウッドワード-ホフマン理論によって説明される．簡単に説明すると反応の遷移状態の違いによる．**J** を与える遷移状態は **L** であり，**K** を与えるのは **M** である．**M** において反応する分子間の相互作用部位は一次相互作用分だけであるが，**L** では一次のほかに二次相互作用分もある．この二次相互作用が存在する分だけ **L** のほうが安定であることがわかっている．以上の理由で遷移状態 **L** を通る生成物 **J** が主生成物として生成するのである．

S_N2反応

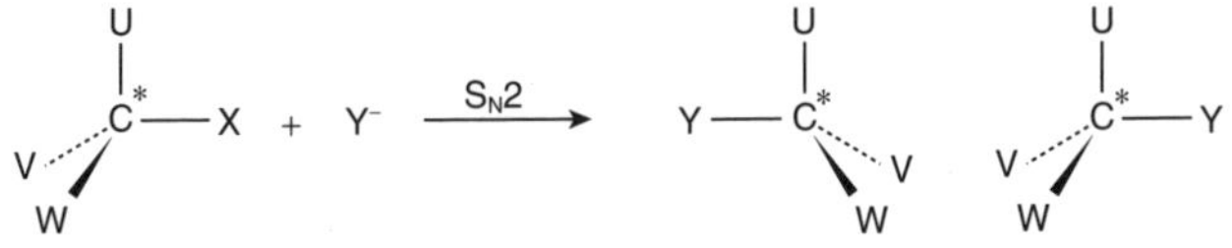

A + Y^- →(S_N2)→ B 生成する / C 生成しない

Diels-Alder反応

D + E → F

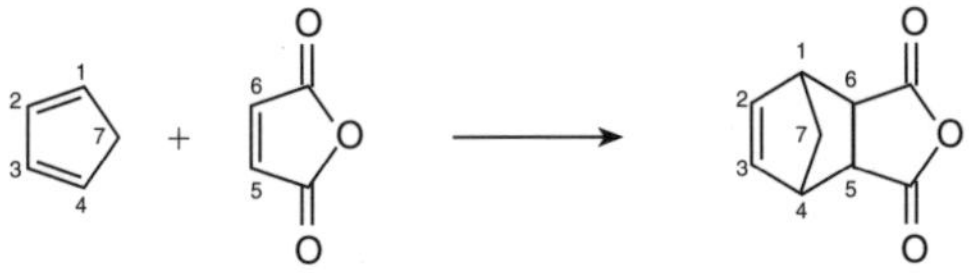

G + H → I

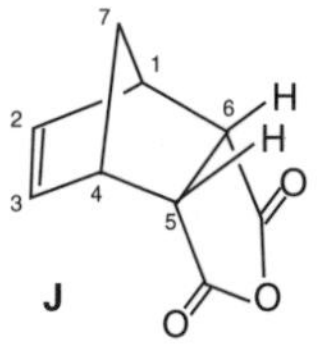

J endo体（主成物）

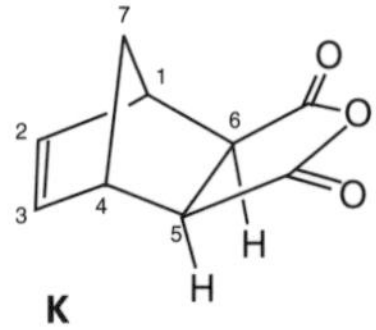

K exo体

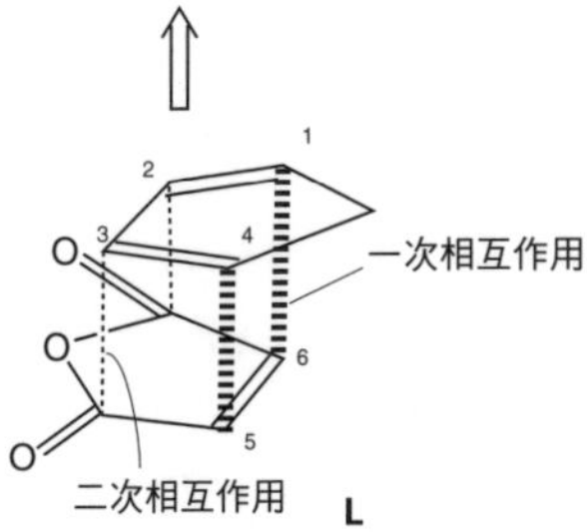

L 一次相互作用 / 二次相互作用

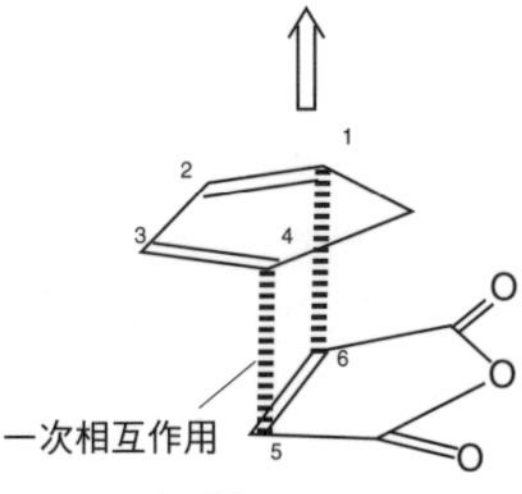

M 一次相互作用

column 互変異性と共鳴

互変異性は異性現象の一種であり,共鳴は分子の性質を推測あるいは記述する場合の手段の一種である.

互変異性と共鳴

A と B が互変異性の関係にあるときは,図のように A と B 反対向きの 2 本の矢印で結んで表す.一方,A と B が共鳴している(と考える)ときは,両者を 1 本の双頭の矢印で結んで表す.

互変異性では,化合物はある瞬間は A であり,次の瞬間には B になっている.したがって,A も B も実際に存在する化合物である.それに対して共鳴では,実際の化合物は A でも B でもない.簡単に言ってしまえば A と B の中間のようなもので,かつエネルギー的には A,B より安定なもの,ということになる.

互変異性

互変異性の一種にケト・エノール互変異性がある.**1** はカルボニル基を持ち,ケトンの一種であるのでケト型といわれる.**2** は二重結合(命名法で語尾を en)と水酸基(命名法で語尾を ol)を持つのでエノール型といわれる.**ケト型とエノール型では一般的にケト型が安定である**.そのため,**1** は非常に小さい割合だけ,ある瞬間に **2** になっている.そのことを矢印の長さで表すことがある.ところが,ケト型 **3** とエノール型 **4** はほぼ 1:1 の割合で存在する.これは二つのカルボニル基に挟まれたメチレンの水素が H$^+$ として外れやすいことに由来する.このようなメチレンを活性メチレンという.

共鳴

ベンゼンは環内に 3 本の二重結合を含むと考えられるので,二重結合の位置によって **5** と **6** の構造が考えられる.しかし,ベンゼンの結合状態は **7** のようなものであり,二重結合は完全に非局在化し,一重結合と二重結合の区別はなく,むしろ **8** で表すべき構造である.

このような状態を表すのに共鳴法では **5** と **6** を双頭の矢印で結んで表す.この表現で表している構造は,結局のところ **7** である.

互変異性と共鳴

互変異性　A ⇄ B
実体　A and/or B

共鳴　A ↔ B
実体　(A + B)/2 のようなもの

互変異性

1 ⇌ **2**

3 ⇌ **4**

共鳴

5 ↔ **6**

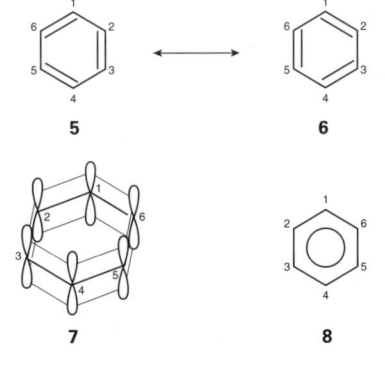

7　　**8**

参考文献

関　一彦，化学入門コース　物理化学，岩波書店（1997）
竹内敬人，化学入門コース　有機化学，岩波書店（1998）
齋藤太郎，化学入門コース　無機化学，岩波書店（1996）
齊藤　昊，はじめて学ぶ大学の物理化学，化学同人（1997）
深沢義正，笛吹修治，はじめて学ぶ大学の有機化学，化学同人（1997）
三吉克彦，はじめて学ぶ大学の無機化学，化学同人（1998）
P.W. Atokins（千原秀昭，中村亘男訳），アトキンス物理化学（上，下），東京化学同人（1979）
坪村　宏，新物理化学（上，下），化学同人（1994）
T.W.G. Solomons（花房昭静ほか訳），ソロモンの新有機化学，廣川書店（1998）
S.R. Buxton, S.M. Roberts（小倉克之，川井正雄訳），基礎有機立体化学，化学同人（2000）
F.A. コットン，G. ウィルキンソン，P.L. ガウス（中原勝儼訳），基礎無機化学，培風舘（1979）
中原昭次，小森田清子，中尾安男，鈴木晋一郎，無機化学序説，化学同人（1985）
齋藤勝裕，絶対わかる化学結合，講談社（2003）
齋藤勝裕，絶対わかる物理化学，講談社（2003）
齋藤勝裕，絶対わかる有機化学，講談社（2003）
齋藤勝裕，絶対わかる無機化学，講談社（2003）
齋藤勝裕，目で見る機能性有機化学，講談社（2002）
齋藤勝裕，超分子化学の基礎，化学同人（2001）
齋藤勝裕，構造有機化学，三共出版（1999）
齋藤勝裕，反応速度論，三共出版（1998）
齋藤勝裕，分子膜って何だろう，裳華房（2003）

著者紹介

齋藤　勝裕　理学博士
　1974年　東北大学大学院理学研究科博士課程修了
　現　在　名古屋工業大学大学院工学研究科教授
　専　門　有機化学，物理化学，光化学
　主要著書　絶対わかる化学シリーズ，講談社（2003）
　　　　　　ニュースをにぎわす　化学物質の大疑問，講談社（2003）
　　　　　　目で見る機能性有機化学，講談社（2002）
　　　　　　構造有機化学演習（共著），三共出版（2002）
　　　　　　超分子化学の基礎，化学同人（2001）
　　　　　　構造有機化学，三共出版（1999）

NDC430　　222p　　21cm

絶対わかる化学シリーズ

絶対わかる化学の基礎知識

2004年8月10日　第1刷発行
2007年3月10日　第5刷発行

著　者　　齋藤　勝裕
発行者　　野間佐和子
発行所　　株式会社　講談社
　　　　　〒112-8001　東京都文京区音羽2-12-21
　　　　　　　販売部　（03）5395-3622
　　　　　　　業務部　（03）5395-3615
編　集　　株式会社　講談社サイエンティフィク
　　　　　代表　佐々木良輔
　　　　　〒162-0814　東京都新宿区新小川町9-25　日商ビル
　　　　　　　編集部　（03）3235-3701
印刷所　　株式会社平河工業社
製本所　　株式会社国宝社

落丁本・乱丁本は，購入書店名を明記のうえ，講談社業務部宛にお送りください．送料小社負担にてお取替えします．なお，この本の内容についてのお問い合わせは，講談社サイエンティフィク編集部宛にお願いいたします．定価はカバーに表示してあります．

© Katsuhiro Saito, 2004

JCLS　〈（株）日本著作権管理システム委託出版物〉

本書の無断複写は著作権法上での例外を除き禁じられています．複写される場合は，その都度事前に（株）日本著作権管理システム（電話03-3817-5670, FAX 03-3815-8199）の許諾を得てください．

Printed in Japan

ISBN4-06-155055-1

講談社の自然科学書

絶対わかる化学シリーズ
わかりやすく おもしろく 読みやすい

絶対わかる 高分子化学
齋藤 勝裕／山下 啓司・著
A5・190頁・定価2,520円（税込）

絶対わかる 有機化学の基礎知識
齋藤 勝裕・著
A5・222頁・定価2,520円（税込）

絶対わかる 化学結合
齋藤 勝裕・著
A5・190頁・定価2,520円（税込）

絶対わかる 有機化学
齋藤 勝裕・著
A5・206頁・定価2,520円（税込）

絶対わかる 無機化学
齋藤 勝裕／渡會 仁・著
A5・190頁・定価2,520円（税込）

絶対わかる 物理化学
齋藤 勝裕・著
A5・190頁・定価2,520円（税込）

絶対わかる 化学の基礎知識
齋藤 勝裕・著
A5・222頁・定価2,520円（税込）

絶対わかる 量子化学
齋藤 勝裕・著
A5・190頁・定価2,520円（税込）

絶対わかる 有機構造決定
齋藤 勝裕・著
B5・158頁・定価2,730円（税込）

絶対わかる 有機スペクトル解析
齋藤 勝裕・著
B5・158頁・定価2,730円（税込）

決定版！ やさしい化学シリーズ
わかりやすさ読みやすさの決定版！

決定版！ やさしい一般化学
齋藤 勝裕・著　A5・175頁・定価1,890円（税込）

「ゆとり」教育で習ってこなかったことも大学では知っていることとして授業が進んでしまいがち。たとえそこでつまづいても化学の基礎を自信を持って理解できる。

決定版！ やさしい分析化学
齋藤 勝裕・著　A5・158頁・定価2,100円（税込）

高校の知識では大学の授業はついてゆけない。しかし本書は、高校で習った知識を元にして、これ以上ないほどのわかりやすさで分析化学の授業がわかるように解説。

決定版！ やさしい有機化学
齋藤 勝裕・著　A5・174頁・定価2,100円（税込）

高校の知識では大学の授業はついてゆけない。しかし本書は、高校で習った知識を元に、盛りだくさんの有機化学を整理して解説し、あふれる授業もすっきりわかる。

定価は税込み（5%）です。定価は変更することがあります。　「2007年2月20日現在」

講談社サイエンティフィク　http://www.kspub.co.jp/